V

17600

TABLEAU

DES

ESCOMPTES, TARES ET USAGES

POUR LES MARCHANDISES,

SUR LA PLACE DE PARIS.

1837.

TABLEAU

DES

ESCOMPTES, TARES ET USAGES

POUR LES MARCHANDISES,

SUR LA PLACE DE PARIS;

RÉDIGÉ PAR LES COURTIERS DE COMMERCE;

APPROUVÉ

Par la Chambre de Commerce et le Tribunal de Commerce;

SUIVI

DU TEXTE DE POLICE D'ASSURANCES SUR LA PLACE DE PARIS,

ET DES TARIFS DES ENTREPÔTS DE DOUANE.

PUBLIÉ LE 1ᵉʳ JUIN 1837.

PARIS,

A LA LIBRAIRIE DU COMMERCE,

CHEZ RENARD, LIBRAIRE DE LA COMPAGNIE DES COURTIERS DE COMMERCE,

RUE SAINTE-ANNE, N° 71.

1837.

TABLEAU

DES

ESCOMPTES, TARES ET USAGES

POUR LES MARCHANDISES

SUR LA PLACE DE PARIS,

RÉDIGÉ PAR LES COURTIERS DE COMMERCE,

ARRÊTÉ LE 1er JUIN 184.

PARIS,

A LA LIBRAIRIE DE HOUDAILLE,

RÉGLEMENT
POUR LES ACHATS, VENTES ET LIVRAISONS

DE MARCHANDISES

SUR LA PLACE DE PARIS.

ARTICLE PREMIER.

Le prix courant de la place de Paris sera à l'avenir basé sur les conditions de tares, bonifications et escomptes qui ont été arrêtées par la Compagnie des Courtiers de commerce, et approuvées par la Chambre de Commerce et le Tribunal de Commerce, telles qu'elles sont stipulées au tableau ci-après.

ART. 2.

Si les négocians convenaient entre eux de s'écarter de ces conditions, le prix auquel ils auraient traité ne serait coté et compris dans le cours légal que sous les réductions et avec les calculs nécessaires pour établir ce prix, comme si les usages réguliers avaient été suivis.

ART. 3.

Dans ce calcul, le terme que l'on pourra accorder sera réduit en escompte à raison de demi pour cent par mois, en négligeant les fractions de terme au-dessous d'un demi-mois.

ART. 4.

Tout arrêté ou marché passé par un Courtier de commerce, qui ne spécifiera pas des conditions particulières, sera considéré comme fait aux conditions d'escompte, tares et usages portées au tableau, et les parties seront tenues de s'y conformer.

ART. 5.

Toute marchandise existante est vendue ferme, et le marché ne peut être résilié si la marchandise est conforme à la qualité désignée ou à l'échantillon remis par le Courtier.

L'acheteur doit procéder à la reconnaissance, au plus tard, dans le jour non férié qui suit celui où l'affaire a été conclue ; ce délai expiré, la marchandise est réputée reconnue et agréée, et l'acheteur est tenu de prendre livraison aux conditions du marché.

Art. 6.

L'acheteur doit prendre livraison dans les trois jours non fériés qui suivent celui où la marchandise a été agréée.

Art. 7.

Le paiement au comptant est exigible par le vendeur dès que la livraison est complétée, c'est-à-dire la marchandise vérifiée et pesée, ou mesurée contradictoirement, et mise à la disposition de l'acheteur.

Art. 8.

Toute marchandise vendue à une tare d'usage doit être livrée en emballage d'origine et naturel. La différence de tare ou celle de valeur de la marchandise, qui résulterait d'un emballage dénaturé ou surchargé, sera réglée conventionnellement, ou à défaut par des arbitres. Toute marchandise sèche, vendue à la tare nette, doit être tarée après la pesée de livraison.

Art. 9.

S'il n'est autrement stipulé dans le tableau, la moindre fraction de chaque pesée de marchandise est le demi-kilogramme. Dans les livraisons de marchandises vendues à la tare nette, cette tare est constatée par la pesée exacte, sauf les exceptions qui sont mentionnées.

Le tableau indique au surplus les usages particuliers qui régissent chaque article.

ESCOMPTES, TARES ET USAGES

DE LA PLACE DE PARIS.

ESCOMPTE des PAIEMENS.	MARCHANDISES.	TARES.	OBSERVATIONS.
3 %	ACIDE benzoïque. ——— borique. ——— citrique. ——— oxalique. ——— tartrique.	Nette.	
	——— sulfurique. ——— nitrique. ——— muriatique.	Nette.	Emballage à la charge de l'acheteur.
Idem.	ACIER de toute espèce.	Nette.	Se pèse entre fer, et on accorde 1 kil. par pesée de 500 k.
Idem.	ALOÈS cabalin.	4 % Nette.	En couffes. En barriques.
Idem.	——— succotrin.	18 % 20 %	En caisses recouvertes d'un cuir pesant de 151 à 250 k. *Idem idem idem* de 100 à 150 k. Lorsqu'il n'y aura pas de cuir, la tare sera diminuée de 2 %.
	ALUN de Paris.	Nette.	
Idem.	——— Liége.	Idem.	On comprend 1 mètre 299 millimètres de cuve pour 1,000 kilog.
	——— Rome.	Idem. 2 %	En futailles. En balles.
Idem.	AMANDES douces et amères, cassées ou non cassées...	2 % 4 %	Simple toile. En double emballage, paille et cordes, avec faculté à l'acheteur de prendre tare nette.
	——— de Barbarie.	Nette. 6 kil.	En barriques. En couffes.
Idem.	AVELINES.	2 %	En simple toile et cordes.
Idem.	AMBRE gris.	Nette.	
Idem.	AMIDON de Flandres ou de Paris.	Nette. Brute.	En caisses ou barils. Pour nette en paquets.

ESCOMPTE des PAIEMENS.	MARCHANDISES.	TARES.	OBSERVATIONS.
3 ⅗	ANCHOIS............	.....	Se vendent au petit baril.
	ANIS vert de France............	Brute.	Pour nette, en simple emballage de toile fine.
Idem.	— de Russie............	Nette.	En barriques et en balles.
	— étoilé, ou badiane........	Nette.	
Idem.	ANTIMOINE régule............		
	——— —— sulfuré............	Nette.	
	ARCANSON. Voir RÉSINE.....		
	ARSENIC blanc............	4 kil. ½	Par baril en bois blanc, de 50 à 60 kilog.
	——— jaune............	7 kil. ½	Idem. 100 . 105 . id.
Idem.	——— noir, ou cobalt......	11 kil. ½	Idem. 200 . 210 . id.
	——— rouge............		
	——— anglais entier, ou en poudre............	10 kil.	En baril de 150 kilog.
Idem.	ARROW-ROOT............	Nette.	
Idem.	ASSA-FŒTIDA............	15 ⅗ Nette.	En caisses d'origine de 2 à 300 kilog. En jonc ou caisses de bois léger.
Idem.	AVÉLANÈDES............	Brute.	Pour nette, en balles de grosse toile.
Idem.	AZUR............	Nette.	Se vend ordinairement en barils de 25 et 50 kil. net.
Idem.	BADIANE, ou anis étoilé......	Nette.	
Idem.	BAUME de copahu............	Nette.	
Idem.	——— du Pérou noir........	Nette.	
Idem.	——— de Tolu............	Nette.	
Idem.	——— de Tolu en coques.....	Brute.	Pour nette.
Idem.	BENJOIN............	Nette.	
Idem.	BEURRE de muscade........	Nette.	De bois et de feuilles.
Idem.	BISMUTH............	Nette.	
Idem.	BITUME de Judée............	Nette.	
	BLANC de baleine brut........		
Idem.	——— — —— pressé.......	Nette.	
	——— — —— raffiné......		
Idem	BLANC de plomb............	Nette.	
Idem.	BLEU de Prusse............	Nette.	

ESCOMPTE des PAIEMENS.	MARCHANDISES.	TARES.	OBSERVATIONS.
3 %	BOIS de Fernambouc.		
	———— Campêche		
	———— Honduras.		
	———— Sainte-Marthe.		
	———— Sapan	. . . .	En bûches, par pesée de 500 kilog. et au kilog.
	——— jaune ou fustet.		
	——- de Nicaragua		
	———— teinture, non dénommés.		
	———— fustet de pays.	Brute.	Pour nette en bannettes.
	———— fustet, effilé.		
	———— l'Inde, *dito*.	Brute.	Pour nette en emballage de toile.
	——— jaune, *dito*.		
	——- de teinture effilé, autres que les précédens.	Nette. 2 %	En futailles. En balles, simple emballage.
	———— d'acajou.		
	———— gaïac.		
	———— palissandre.	. . . .	Se pèse par pièces à nu.
	———— érable.		
	———— marqueterie , non dé-nommés		
	———— sassafras.	Nette.	
Idem.	BORAX brut.		
	———— demi-raffiné.	Nette.	
	———— raffiné		
Idem.	BOUCHONS.	. . . . .	Se vendent à la balle de 30 mille en nombre.
Idem.	BOUGIE.	Brute.	Pour nette, en paquets de demi-kilogramme. L'enveloppe ne peut excéder le poids de 15 grammes.
Idem.	BRAI sec.	. . . . .	Se vend à la gonne d'origine.
	——— gras du Nord.	. . . . .	Se vend à la gonne d'environ 150 kilog.

ESCOMPTE des PAIEMENS.	MARCHANDISES.	TARES.	OBSERVATIONS.
3 %	CACAO de toutes provenances.	Nette. 2 % 1 kil. ½ 2 kil. ½	En futailles. En balles de simple toile, chanvre ou coton. *Idem* de simple natte. *Idem* de double natte. Se pèse par 5 balles ensemble. Se livre sans toile extérieure.
	—— de Bourbon.		
	CAFÉ moka.	Nette.	Chaque balle se pèse séparément, et se livre sans corde ni toile extérieure.
	—— Bourbon.	2 kil. ½	En balles de 50 kilog. environ, double natte. Se livre sans toile extérieure.
	—— d'autres provenances.	2 %	En balles de toile, chanvre, coton, gunny ou pitre simple.
	—— *dito*.	3 %	En double emballage.
	—— de toutes provenances.	Nette.	En futailles. Les cafés en cabas et autres emballages non spécifiés, la tare se fait au demi kilogramme. Le café se pèse par 5 balles ensemble, et se livre sans corde ni toile extérieure.
Idem.	CACHOU brut.	Nette.	
2 %	CALICOT.	. . . . . .	Se vend au mètre.
3 %	CAMPHRE brut.	Nette.	
	—— raffiné.	Nette.	L'enveloppe de papier se déduit.
Idem.	CANÉFICE ou Casse fistule.	Nette.	
Idem.	CANNELLE de Ceylan.	5 kilo. 3 kilo. ½	En double emballage. En simple emballage et cordes.
	———————— Cayenne.	Nette.	
	———————— Chine.	Nette. Nette.	En caisses. En paillassons par pesée de 100 kilog
	———————— Malabar.	Nette.	En futailles.
Idem.	CANTHARIDES.	Nette.	

ESCOMPTE des PAIEMENS.	MARCHANDISES.	TARES.	OBSERVATIONS.
3 °/°	CARBONATE de soude. *Voir* SEL DE SOUDE.		
	CARET. *Voir* ÉCAILLE DE TORTUE.		
Idem.	CASSIA LIGNEA	Nette.	
Idem.	CASTORÉUM.	Nette.	Se pèse à l'hectogramme, en barils ou caisses.
Idem.	CENDRES bleues.	Nette.	
Idem.	————— gravelées.	Nette.	
Idem.	CÉRUSE de Clichy.	Nette.	
	————— de France.		
	————— de Hollande.	Nette.	On règle ordinairement cette tare sur la tare écrite. Le papier qui enveloppe les pains de céruse et le carton qui entoure la futaille sont comptés comme marchandise.
Idem.	CHANVRE brut.	Nette.	
	————— peigné.		
Idem.	CHROMATE de fer.	Nette.	
	————— neutre de potasse ou jaune.	Nette.	
	————— acide de potasse ou rouge.	Nette.	
	CINABRE entier.	Nette.	
	————— en poudre ou vermillon de Hollande	Nette.	
Idem.	————— de Chine.	Nette.	De bois. On accorde 2 décagrammes par paquet pour le papier.
	————— d'Idria.	Nette.	En poches de 14 kilog.
	————— de Paris.		
Point.	CIRE de France jaune non ouvrée.	Nette.	
2 °/°	————— blanche, non ouvrée.		
3 °/°	————— jaune étrangère de tous pays.		
Point.	CITRONS.		Se vendent à la caisse.
	COBALT de Suède.	Nette.	
	COBOLT?	......	Voyez : Arsenic.
	COCHENILLE.	Nette.	Les tares se font à l'hectogramme.
	COLLE forte de Paris.	Nette.	Sans emballage.
	————— d'autres lieux.	Nette.	En futailles ou balles.

ESCOMPTE des PAIEMENS.	MARCHANDISES.	TARES.	OBSERVATIONS.
5 %	COLLE de poisson.	Nette.	Se pèse en balles ou barriques au demi-kilogramme, et se tare à l'hectogramme.
	COQUES du Levant..	Nette.	
	CORAIL blanc.	Nette.	
	——— rouge brut..	Nette.	
	COPAL.	Nette.	
Idem.	CORNES de bœuf.	}	Se vendent aux 104 cornes pour cent. Les cornes éboutées jusqu'au creux devront être arbitrées ; autrement elles seront considérées comme bonnes.
	——— vaches.	}	
	——— buffle.	}	
	——— cerf, daim, élan, rhinocéros, etc. . .	Nette.	Se vendent au poids.
	COTONS.	. . . .	Les cotons doivent être en emballage d'origine, et ils se pèsent balle par balle à la livraison, quel qu'en soit le poids.

Les cotons doivent être en emballage d'origine, et ils se pèsent balle par balle à la livraison, quel qu'en soit le poids.

On accorde 2 kilog. de don par balle ou par ballot de 50 kilog. et au-dessus, même en bon état de conditionnement, pour bords ordinaires, résultant de la poussière infiltrée ou du frottement, et pour pièces ordinaires ne servant qu'à couvrir le coton.

Sur les ballots au-dessous de 50 kilog. on n'accorde qu'un kilogramme de don.

Il n'en est pas accordé sur les surons en cuir.

On donne 1 kilog. de surdon, aussi par balle ou ballot au-dessus de 70 kilog., et un demi-kilog. de surdon par ballot au-dessous de 70 kilog., pour toute réfaction quelconque, excepté la mouillure et l'humidité, qui seront arbitrées séparément. Lorsque l'avarie d'une balle, réunie à la mouillure, s'élèvera à 10 %, la réfaction sera due à l'acheteur. — Au-dessous, il n'aura droit à aucune bonification, s'il a acheté avec le surdon.

Il n'y a pas de surdon sur les Géorgie longs, ni sur les Surate, Madras, Toomels et Bengale. L'acheteur a le droit de les faire arbitrer pour toutes choses.

Les corps étrangers et pépins en masse, découverts à la livraison, seront extraits.

Avant l'enlèvement de la marchandise, l'acheteur aura le droit, en renonçant au surdon sur une ou plusieurs marques entières, de les faire arbitrer pour toutes choses, pièces et bords exceptés. Dans ce cas les avaries, surchar-

ESCOMPTE des PAIEMENS.	MARCHANDISES.	TARES.	OBSERVATIONS.
	COTONS.		ges, humidités, corps étrangers, fourbandages et réemballages seront arbitrés.
			Lorsque la réfaction arbitrée excède 15 % de la valeur de de la balle, l'acheteur a la faculté de la refuser : si les réfactions arbitrées sur une partie excédent 5 % de la valeur totale, l'acheteur a la faculté de refuser cette partie.
			La marchandise une fois enlevée, il n'y aura plus lieu à aucune réclamation.
			La livraison devra avoir lieu dans les quinze jours, à compter du jour de l'achat, et le paiement être fait dans les vingt-quatre heures qui suivront la livraison, laquelle une fois commencée devra être continuée sans interruption.
			Ce paiement se fait au comptant sous l'escompte de deux et un quart pour cent, valeur du jour du marché.
			Les cotons à livrer se traitent sur désignation d'espèce et de qualité, ou sur échantillons. On indique le nombre des balles, leurs marques et numéros, et lorsque ces cotons sont en mer, on peut n'indiquer que le bâtiment qui doit les transporter et le port où ils doivent débarquer. Dans le cas où tout ou partie de la marchandise serait inférieur à la désignation portée au marché ou aux échantillons sur lesquels on a traité, deux courtiers désignés par les parties font un arbitrage pour estimer la réfaction à accorder par le vendeur.
	COTON Fernambouc.		
	———— Paraïba.		
	———— Camouchy.		
	———— Bahia.	4 %	En simple emballage de coton, sans cordes ni liens.
	———— Maragnan.		
	———— Para.		
	———— Jumel.		
	———— Cayenne.		
	———— Surinam.		
	———— Démérary.		
	———— Berbice.		
2 ¼	———— Trinité.	6 %	En simple emballage de toile, sans cordes ni liens.
	———— Cumana.		
	———— Carthagène.		
	———— Lima.		
	———— Haïti.		

ESCOMPTE des PAIEMENS.	MARCHANDISES.	TARES.	OBSERVATIONS.
	COTON Porto-Rico.		
	———— Guadeloupe		
	———— Martinique.		
	———— Louisiane..		
	———— Mobile.		
	———— Alabama..		
	———— Ténessée.		
	———— Florides.		
	———— Géorgie, courte soie . .	6 ⁰⁄₀	En simple emballage de toile, sans cordes ni liens.
	———— ———— longue soie . .		
	———— Caroline.		
	———— Virginie.		
	———— Motril.		
	———— Sicile.		
	———— Pouille.		
	———— Castellamare.		
	———— Sénégal.		
	———— Caraque..	6 ⁰⁄₀	En ballots de toile.
	———— Varinas.	8 kilog.	Par surons en cuir de 60 kilog. et au-dessous, sans don.
	———— Minas.	9 kilog.	Idem. au-dessus de 60 kilog., sans don.
	———— Manille.	6 ⁰⁄₀	En double natte d'origine, et les liens en jonc.
	———— Bourbon.	6 ⁰⁄₀	En nattes de jonc, sans liens.
	———— Séchelles.	8 ⁰⁄₀	Idem. avec liens.
	———— Bengale.		
	———— Surate..		
	———— Madras.	Idem.	En toiles et cordes d'origine, sans don.
	———— Toomels.		
	———— Chypre.		
	———— Souboujac..		
	———— Kinic.		
	———— Kirkagach.	5 ⁰⁄₀	En simple emballage de crin, sans cordes.
	———— Cassabar..		
	———— Salonique.		
2 ⁰⁄₀	COTON filé.	Nette.	

ESCOMPTE des PAIEMENS	MARCHANDISES.	TARES.	OBSERVATIONS.
3 %.	COULEURS de toutes espèces non dénommées.	Nette.	
Idem.	COUPEROSE verte.	Nette.	
	———— blanche (sulfate de zinc).	Nette.	
Idem.	CRÊME de tartre.	Nette.	
Point.	CRIN de France brut.	Nette.	
3 %	——— Russie brut.	Nette.	
	——— —— frisé.		
	——— —— peigné.		
	——— — Barbarie.		
	——— — Smyrne.		
Idem.	CRIN de l'Amérique méridionale.	Nette.	En futailles.
		4 %.	En balles de toile. Les cercles en fer se déduisent.
		6 %.	En emballage de cuir qui reste à l'acheteur.
			On accorde une réfaction à convenir ou à arbitrer, lorsque ces crins sont chargés de corps étrangers ou de morceaux de la queue.
Idem.	CRISTAUX de tartre.	Nette.	
	——— de soude, ou sous-carbonate de soude.	Nette.	
	CUBÈBES.	Nette.	
	CUDBEAR..	Nette.	
	CUIRS. Voir PEAUX BRUTES.		
3 % P.%	CUIVRE en blocs, saumons et rosettes de toute espèce.	Nette.	Pour la pesée, comme aux fers.
	——— vieux, monnaies, etc...		
Idem.	CURCUMA..	3 %	En emballage de simple toile au-dessus de 45 kilog.
		4 %	Emballage double toile.
		Nette.	En caisses, tonneaux ou ballotins.
Point.	CHANDELLES.	Nette.	En caisses, emballage fourni par l'acheteur.
		Brute.	Pour nette. En paquets de 2 kilog. ½, l'enveloppe ne doit pas excéder le poids de 6 décagrammes.
3 %	DATTES..	Nette.	
Idem.	DENTS d'éléphant.	Nette.	
	——— d'hippopotame		

ESCOMPTE des PAIEMENS.	. MARCHANDISES.	TARES.	OBSERVATIONS.
3 ‰	DROGUERIES non dénommées..	Nette.	
Idem.	DUVET.	Idem.	
	EAUX-DE-VIE et ESPRITS		
	—————— du Languedoc...		
2 ‰	—————— de Provence. . .		
	—————— Cognac. . . .		
	—————— Saintonge. . .	. . . . .	Et toutes autres liqueurs spiritueuses , distillées du vin, des grains , de la pomme de terre , de la mélasse , etc.

Tarif et conditions pour la livraison des Eaux-de-vie sur la place de Paris.

ARTICLE PREMIER.

On vend les eaux-de-vie et les esprits à l'hectolitre et au dépotage, sous l'escompte de 2 ‰.

ART. 2.

Chaque pièce est jaugée séparément ; le litre en est la dernière fraction.

ART. 3.

Les futailles doivent avoir quatre cercles en fer. Elles sont jugées bien conditionnées, quand il n'y manque ni cercles ni barres, sans quoi l'acheteur a le droit de refuser la livraison. Les réparations se font après la livraison. Cependant un conditionnement préalable, c'est-à-dire obligé par l'urgence, devra se faire avant la livraison.

Les esprits $\frac{3}{6}$ du Languedoc seront en futailles de bois dit *de Rome*. Les deux premiers cercles en bouge seront au plus à la distance de 16 centimètres l'un de l'autre. Les futailles en autre bois que celui dit *de Rome* seront reçues sous une réfaction de 12 francs par pièce.

ART. 4.

La reconnaissance des eaux-de-vie et esprits a lieu avant le dépotage, et toutes les difficultés qui peuvent s'élever sur la qualité et le degré de la liqueur sont soumises à des arbitres et jugées sur-le-champ par eux.

Les difficultés relatives au conditionnement des futailles seront également soumises à des arbitres.

ESCOMPTE des PAIEMENS.	MARCHANDISES.	TARES.	OBSERVATIONS.

Art. 5.

A l'entrepôt, les livraisons se font au lieu où est placé le dépotage public.

Le vendeur est tenu d'y faire transporter les pièces à ses frais. Le vendeur et l'acheteur paient les frais de dépotage chacun par moitié.

Si les pièces ont déjà été dépotées et que l'acheteur n'exige pas qu'elles le soient de nouveau, la livraison se consomme dans les cours ou magasins de l'entrepôt.

Dans les magasins hors des barrières, la livraison s'opère dans les magasins même, et le dépotage fait en présence des parties est à frais communs, en se conformant pour le surplus aux conditions du présent réglement.

Art. 6.

Une livraison est consommée par le remplissage des pièces. Le remplissage de la quantité dépotée, complétant une livraison ou à-compte d'une livraison, se fait sous cannelle, si la température est à dix degrés du thermomètre de Réaumur, ou au-dessous; et si elle est au-dessus, le remplissage se fera le lendemain matin, à l'ouverture de l'entrepôt. Dès que les pièces sont remplies, elles sont au compte de l'acheteur, et les frais pour les remettre en place sont à sa charge.

Art. 7.

A la livraison des eaux-de-vie et esprits, l'acheteur a le droit de refuser les pièces non droites en goût, lorsque les arbitres auxquels elles ont été soumises prononcent une réfaction au-dessus de 3 ⅓. Si cette réfaction n'excède pas 3 ⅓, les pièces ne peuvent être refusées. Néanmoins il est de rigueur que, sur 25 pièces, l'on ne peut livrer plus de 5 pièces à réfaction, pour cause de mauvais goût, et dans la même proportion pour une plus forte quantité.

Si les arbitres déclarent des pièces entachées du goût de marc ou de croupi, ces pièces ne seront pas admises à réfaction et seront rejetées de la livraison.

Art. 8.

Le titre des eaux-de-vie et esprits est reconnu au

ESCOMPTE des PAIEMENS.	MARCHANDISES.	TARES.	OBSERVATIONS.
			moyen de l'aréomètre de Cartier, ramené par le calcul à la température de dix degrés au-dessus de zéro du thermomètre de Réaumur, indiquée comme *tempéré*. Les degrés du thermomètre de Réaumur au-dessus ou au-dessous du tempéré amènent une réduction ou une augmentation du degré trouvé par l'aréomètre, qui aura été plongé en même temps dans le liquide, dans les proportions suivantes : 4 degrés du thermomètre pour un degré de l'aréomètre, pour les esprits de 36 degrés et au-dessus. 5 degrés du thermomètre pour un degré de l'aréomètre, pour les esprits 35 à 36 degrés. 6 degrés du thermomètre pour un degré de l'aréomètre, pour les esprits $\frac{5}{7}$ $\frac{5}{6}$ $\frac{6}{11}$ et $\frac{5}{6}$. 7 degrés du thermomètre pour un degré de l'aréomètre, pour les eaux-de-vie $\frac{2}{5}$. 8 degrés du thermomètre pour un degré de l'aréomètre, pour les eaux-de-vie $\frac{4}{7}$ et $\frac{5}{7}$, et jusqu'à 20 degrés de l'aréomètre non compris. 9 degrés du thermomètre pour un degré de l'aréomètre, pour les eaux-de-vie de 20 degrés et au-dessous. Les fractions sont calculées. **Art. 9.** Les esprits 35 degrés ne pourront être livrés au-dessous de ce titre. Les esprits 36 degrés et au-dessus sont recevables à demi-degré au-dessous, avec la réfaction de 2 $\frac{1}{2}$ $\frac{0}{0}$ par degré sur le 36 et au-dessous, et 2 $\frac{0}{0}$ pour les degrés au-dessus de 36. **Art. 10.** Les esprits $\frac{5}{7}$ sont recevables sans réfaction à 34 degrés $\frac{5}{7}$, et les $\frac{5}{6}$ à 33 degrés. Ils peuvent être refusés, lorsque la faiblesse excède un demi-degré; la réfaction pour la faiblesse du titre se calcule à raison de 3 $\frac{0}{0}$ de la valeur pour un degré. **Art. 11.** Le $\frac{6}{11}$ est recevable à 31 degrés sans réfaction, et le $\frac{5}{7}$ à 29. Ils sont également recevables, quoiqu'à un titre inférieur; mais alors il y a lieu à une réfaction, qui se règle à 4 $\frac{0}{0}$ par degré.

ESCOMPTE des PAIEMENS.	MARCHANDISES.	TARES.	OBSERVATIONS.
			Art. 12. Dans les livraisons de $\frac{1}{2}$, $\frac{2}{3}$, $\frac{1}{2}$ et $\frac{1}{7}$, on ne paie pas la surforce du degré. Chaque pièce est pesée séparément; il est seulement fait un échantillon commun des pièces faibles de degré, et le titre de cet échantillon commun sert à établir la réfaction. **Art. 13.** Les $\frac{2}{5}$ portent de 26 à 26 $\frac{1}{2}$, le $\frac{4}{5}$ de 23 $\frac{1}{2}$ à 24; ils se vendent au degré de 22 avec 4 $\frac{0}{0}$ en sus pour chaque degré de surforce. Ils sont recevables, quelle que soit la force ou la faiblesse du titre. On fait un échantillon commun pour déterminer le degré. **Art. 14.** Les eaux-de-vie de 22 degrés peuvent être refusées au-dessous de 21 degrés $\frac{1}{2}$ et au-dessus de 22 $\frac{1}{2}$. Si le titre est au-dessous de 22, il y a lieu à une réfaction, qui se règle à raison de 5 $\frac{0}{0}$ par degré. La surforce au-dessus de 22 est payée sur le pied de 4 $\frac{0}{0}$ pour un degré. Pour déterminer le degré, on fait échantillon commun de toutes les pièces portant 22 degrés et au-dessus. On fait aussi échantillon commun des pièces faibles au-dessous de 22 degrés. **Art. 15.** L'eau-de-vie preuve de Hollande doit porter 19 degrés $\frac{1}{2}$. Elle est recevable à ce titre sans réfaction. On admet en livraison des pièces depuis 19 degrés jusqu'à 20 degrés. Il est fait échantillon commun de toutes les pièces, et le titre de cet échantillon sert à déterminer la réfaction ou la bonification due ou allouée sur ces pièces, à raison de 6 $\frac{0}{0}$ par degré. Les pièces au-dessous de 19 degrés et au-dessus de 20 degrés seront rejetées de la livraison. **Art. 16.** Dans les livraisons d'eau-de-vie et d'esprit le vendeur remplace toutes les pièces que l'acheteur a eu le droit de refuser.

ESCOMPTE des PAIEMENS.	MARCHANDISES.	TARES.	OBSERVATIONS.
3 %	ÉCAILLE de tortue.	Nette.	Les onglons ou ergots se vendent séparément à prix convenu.
	ÉCORCES de Quina Calissaya. . .	8 kilog.	Par suron de 60 à 75 kilog.
		6 kil. ½	*Idem* de 40 à 45 kilog.
		4 kil. ½	*Idem* de 25 à 30 kilog.
		Nette.	En caisses.
	——— ——— gris	7 kil.	Par suron rond de 45 à 60 kilog.
		Nette.	En caisses.
	——— —— jaune. . . .	Nette.	En caisses.
	——— —— rouge. . . .		
	——— — cannelle	. . . . . .	*Voyez* Cannelle.
Idem.	——— — Cascarille.		
	——— — Simarouba		
	——— médicinales, non dé- nommées.	Nette.	
	——— à teinture, non dénom- mées.		
	——— de citron.	3 %	En simple toile.
	——— d'orange.		
Idem.	ÉMERIL entier.	Nette.	
	——— en poudre.		
Idem.	ENCENS.	Nette.	
Idem.	ÉPONGES brunes	Nette.	
	——— fines		
Idem.	——— de Venise.	Nette.	En emballage de simple toile. *Idem* de crin, sans cordes. *Idem* double, en poil de chameau.
Idem.	ESQUINE.	2 %	En simple toile.
Idem.	ESSENCES diverses.	. . . . . .	*Voyez* Huiles essentielles.
3 ½ p. %	ÉTAIN en blocs ou saumons de toutes provenances. . .	Nette.	Pour la pesée comme aux fers.
	——— en barils.	Nette.	
3 %	EUPHORBE.	Nette.	

ESCOMPTE des PAIEMENS.	MARCHANDISES.	TARES.	OBSERVATIONS.
3 %	FANONS de baleine du nord. . .	Nette.	Le paquet pèse environ 250 kilog.; et se vend net de cordes et de liens. Lorsqu'ils sont crasseux ou chargés de barbe, on accorde 2 % de bon poids.
	——— ——— du sud.. . .	Nette.	Suivent le même usage, ou sont arbitrés si l'acheteur le demande. Les paquets ne sont pas réguliers.
Point.	FARINE de blé	Nette.	Se vend au sac de 159 kilog. Le sac se rend au vendeur.
3 %	FERS de toute espèce.	Nette.	Se pèse entre fer, et l'on accorde 1 kilog. par pesée de 500 kilog.
Idem.	FER-BLANC..	. . . .	A la caisse de 225 feuilles.
Idem.	FEUILLES à teinture, non dénom-mées. . . . . . . ——— médicinales, non dé-nommées	Nette.	
Idem.	FÈVES Saint-Ignace	Nette.	
Idem.	——— Tonka.	Nette.	
Idem.	FIGUES sèches..	5 kilo.	Par caisse de 50 kilog.
		9 kilo.	Par balle de $\frac{4}{4}$ avec cercles et cordes.
		13 kilo.$\frac{1}{2}$	Par balle de 12 caissetins avec cercles et cordes.
		Nette.	En barils.
		Brute.	Pour nette, en cabas et en boîtes.
	——— de Smyrne..	10 %	En tambours.
		1 kil.	Par demi-caisse de 10 à 12 kilog.
		2 kil.	Par caisse de 15 à 20 kilog.
	——— de Naples.	1 kil.	Par buste de 10 à 15 kilog.
		2 kil.	Par buste de 20 à 25 kilog.
Idem.	FLEURS médicinales non dénom-mées.	Netté.	
Idem.	FOLLICULES de séné de l'appalte	5 %	En balles couvertes de deux toiles, dont une mince et une forte, toute surcharge défalquée.
	——— ——— de Tripoli.	10 %	En balles de paille avec deux têtes en jonc sans surcharge.
Idem.	FONTE.	. . . .	Se pèse entre fer, et l'on accorde 1 kilog. par pesée de 500 kilog.
1 %	FROMAGE de Gruyère.	Nette.	On dépote et on pèse à nu.
3 %	——— de Hollande.	Nette.	Se livre sans emballage. Les pains brisés se vendent séparément ou sont admis à réfaction arbitrée, au choix de l'acheteur.
Idem.	——— Parmesan et autres.	Nette.	

ESCOMPTE des PAIEMENS.	MARCHANDISES.	TARES.	OBSERVATIONS.
3 %	GALANGA.	Nette.	
Idem.	GALIPOT.	. . . . . .	Tare écrite et marquée.
Idem.	GALLES	. . . . . .	*Voyez* Noix de galle.
6 %	GARANCE moulue d'Alsace. . .	Nette.	
Idem.	——————— d'Avignon. .	Nette.	
3 %	GAUDE.	Brute.	Pour nette, emballage de toile légère.
Idem.	GINGEMBRE.	Nette.	En futailles.
		2 %	En sacs de simple toile.
	GIROFLES anglais.		
	——————— hollandais.		
Idem.	——————— Ile-de-France	Nette.	Se jettent sur toile avant la pesée.
	——————— de Bourbon.		
	——————— de Cayenne.		
	GOMME adraganth.		
	——————— arabique.		
	——————— gedda.	Nette.	
	——————— turique		
	——————— Sénégal.	Nette.	En futailles.
		2 %	En simple toile.
	——————— Barbarie.	6. kil.	Par couffe de 125 à 150 kilog.
	——————— de cerisier du pays. . .		
	——————— ammoniaque.		
Idem.	——————— copal.		
	——————— de gayac.		
	——————— gutte.	Nette.	
	——————— laque en bâtons. . . .		
	——————— *Id.* en feuille.		
	——————— *Id.* en grains.		
	——————— élastique ou Caoutchou en poire et planches. .	Nette.	En futailles ou en sacs.
	——————— *dito* en chaussons . . .	. . . . . .	Se vend au poids ou à la paire.
	——————— non dénommée. . . .	Nette.	

ESCOMPTE des PAIEMENS.	MARCHANDISES.	TARES.	OBSERVATIONS.
3 %	GOUDRON du nord.	. . . .	Se vend à la gonne d'environ 170 kilog.
	——— des Landes	. . . .	Se vend à la gonne, jauge de Chalosse, d'environ 325 à 350 kilog.
Idem.	GRAINES d'écarlate (kermès). .	Nette.	
	——— d'Avignon.	2 %	En simple toile.
		4 %	Double toile et paille, avec faculté à l'acheteur de faire enlever le deuxième emballage.
		2 %	En sacs de simple toile.
Idem.	——— de Perse et de Valachie.	3 %	*Id.* de crin simple.
		4 %	*Id.* de crin, toile et cordes.
		Nette.	En barrique.
	——— à teinture non dénommées.	Nette.	
	GRAINES. de colza.	Nette.	A l'hectolitre. Le sac se rend au vendeur.
	——— de lin.	Nette.	
Point.	——— de luzerne	Nette.	A la balle de 100 kilog., net.
	——— de trèfle.	Nette.	En futailles ou à la balle de 104 kilog. net.
	GRAINS de toute espèce.		
	——— froment.		
Point.	——— seigle.	. . . . . .	Se vendent à l'hectolitre. Les sacs sont rendus au vendeur.
	——— orge.		
	——— avoine..		
	——— maïs, etc.		

ESCOMPTE des PAIEMENS.	MARCHANDISES.	TARES.	OBSERVATIONS.
2 %	HARENGS blancs, pleins et gais.	. . . . .	Se vendent au baril, qui doit peser brut 145 kilog. Le baril se divise en demis, quarts ou huitièmes.
	——— saurs.	. . . . .	Se vendent au baril, qui se divise seulement en demis. La contenance est indiquée sur le baril.
3 %	HERBES médicinales non dénommées.	Nette.	
Idem.	HOUBLON.	Brute.	Pour nette.
2 ½	HUILE essentielle de térébenthine.	Nette.	En futailles.
	——— ——— d'aspic. . . .		
	——— ——— de bergamote.		
	——— ——— girofle. . .		
	——— ——— lavande. . .		
3 %	——— ——— citron. . . .	Nette.	Les estagnons se donnent à l'acheteur, lorsqu'ils sont en fer-blanc, ainsi que les bouteilles de verre.
	——— ——— menthe. . .		Les estagnons en cuivre se paient à part au cours du cuivre non ouvré.
	——— ——— Portugal. . .		
	——— ——— romarin. . .		
	——— ——— thym. . . .		
	——— ——— rose. . . .	Nette.	Les estagnons ou les flacons dorés se donnent à l'acheteur.
6 %	HUILE d'olive surfine.	Le $\frac{1}{6}$	Du poids brut, en pièces ou bottes et en demi-pièces.
	——— ——— fine.	Le $\frac{1}{5}$	En futailles de 250 kilog. et au-dessous.
	——— ——— commune. . . .		

Il est entendu que la tare accordée est avec garantie de fausse tare de la part du vendeur, et que l'acheteur jouit du terme d'une année à partir de la facture, pour représenter la pièce vide et appeler le vendeur à sa vérification. Ce délai, ou tout autre dont on sera convenu, étant expiré, toute réclamation est prescrite.

Il n'y a pas lieu à bonification sur la tare d'une pièce d'huile d'olive pesant environ 600 kilog., si la vidange n'excède pas 81 millimètres.

La bonification de la tare ne se compte qu'à partir de 108 millimètres.

ESCOMPTE des PAIEMENS.	MARCHANDISES.	TARES.	OBSERVATIONS.
			Tarif d'estimation pour la Vidange des Huiles.

Tarif d'estimation pour la Vidange des Huiles.

Pour 11 centimètres, on accorde 1 k. 9 h. $\frac{1}{3}$
13 $\frac{1}{3}$ »   »   2 » 5 » »
16   »   »   7 » 1 » »
19   »   »   10 » » » »
22   »   »   12 » 9 » $\frac{2}{3}$
24   »   »   16 » 1 » $\frac{1}{2}$
27   »   »   19 » 6 » »
30   »   »   23 » 2 » $\frac{1}{3}$
32 $\frac{2}{3}$ »   »   26 » 9 » »
35   »   »   30 » 8 » »
38   »   »   35 » » » »
41   »   »   39 » 2 » »
43   »   »   43 » 6 » »
46   »   »   48 » » » »

Comme les 46 centimètres sont la moitié d'une pièce d'huile, si la vidange excède 46 centimètres, la réfaction se calcule en ajoutant, à celle que l'on accorde pour 46 centimètres, la différence entre celle de 43 à 46 centimètres; si la vidange est de 49 centimètres, la différence entre celle de 41 à 46 centimètres; si elle est de 52 centimètres, etc.

EXEMPLE :

La moitié d'une pièce d'huile étant de 46 centimètres :

cent.		cent.		kil. hect.	kil. h.
Pour 49 qui corresp. aux		43	on aura	4 » 4 » ce qui fait	52 4»
51	*idem.*	41		8 » 8 »	56 8»
54	*idem.*	39		13 » »	61 » »

Ainsi de suite :

Pour une demi-pièce, l'estimation s'établit aux $\frac{1}{3}$, et la vidange se compte à partir de 68 millimètres.

Pour les cercles, il doit exister une distance de 22 centimètres, la bonde comprise, sur une pièce, et 16 centimètres, sur une demi-pièce.

Pour la vidange des huiles de poisson, comme les futailles ne sont point uniformes, on fait l'estimation dans la proportion de celle des huiles d'olive.

Pour le dépôt, on accorde la même bonification que pour la vidange.

ESCOMPTE des PAIEMENS.	MARCHANDISES.	TARES.	OBSERVATIONS.
2 %	HUILE de chenevis. . . . . . . ———— lin. . . . . ———— navette. . . . . ———— rabette.	Nette.	En futailles irrégulières, se vendent au poids.
1 %	———— colza. . . . . ———— cameline. . . . . . . ———— d'œillette.	Nette.	Se vendent à la tonne d'un hectolitre. La jauge est garantie par le vendeur exactement pour 100 litres, et la reconnaissance, en cas de contestation, se fait chez l'acheteur, par la vérification à l'eau et l'empotement du cinquième des tonnes formant la livraison. Ce cinquième est choisi moitié par le vendeur et moitié par l'acheteur, et sert de règle pour la partie. L'huile de colza de Caen peut être livrée au poids net dans le rapport de 91 kilog. pour un hectolitre, si elle n'est pas arrivée en futailles de jauge régulière.
Idem.	HUILE épurée.	Nette.	Au poids; se livre par le vendeur dans les tonnes d'origine ou hectolitres qui sont dues à l'acheteur. Tout autre conditionnement est aux frais de ce dernier.
3 %	HUILES de poisson.	. . . . .	Les pièces doivent être pleines à 27 millimètres de la bonde. Elles sont livrées exemptes de plâtre et de barres. On accorde réfaction pour la vidange et pour le pied, s'il s'en trouve, comme pour la vidange des huiles d'olive; mais, pour le pied, la réfaction n'est légale que jusqu'à 27 millimètres, pour les huiles de baleine; et 55 millimètres, pour celles de morue : au-dessus de cette quantité, la réfaction est à arbitrer. Le dégras n'est reçu qu'à prix conventionnel entre les parties.
3 %	HUILE de baleine. . . . . ———— d'éléphant de mer.	Le $\frac{1}{5}$	Pour les pièces au-dessous de 300 kil. Se vendent en pièces cerclées en fer; et s'il s'y trouve des cerclés de bois avec ceux de fer, on les enlève avant la livraison, ou l'on accorde réfaction.

ESCOMPTE des PAIEMENS.	MARCHANDISES.	TARES.	OBSERVATIONS.
3 %	HUILE de morue, pêche anglaise..	Le $\frac{1}{5}$	En futailles de bois blanc, cerclées de 16 cercles en bois et deux cercles en fer.
	————— pêche française..	Le $\frac{1}{6}$	En barriques de Bordeaux ou Marseille. On accorde la réfaction de 1 kilog. par chaque barre, ou bien elles sont enlevées, au choix de l'acheteur.
	————— palme.	16 %	En futailles d'origine anglaise, cerclées en fer.
		Nette.	En autres futs.
	——— —— ricins. . . . \	Nette.	
5 %	INDIGO du Bengale		
	———— Madras.	Nette.	En futailles et en caisses.
	———— Coromandel.		On vide sur toile, et on reconnaît la tare des caisses ou futailles avant la pesée. La fraction de la pesée de la tare est le demi-kilogramme.
	———— de toute autre espèce. .		On accorde 1 kilog. de réfaction par caisse ou futaille en bon état ordinaire de conditionnement. En cas de menu ou de pousse extraordinaire, la réfaction à accorder est réglée par arbitres sur la toile.
			Si les indigos vidés sur la toile présentent une différence de qualité avec celle qui a été agréée sur la surface, cette différence sera arbitrée ; et si elle est jugée être de plus de 10 %, l'acheteur aura la faculté de résilier le marché.
	———— Caraque.	7 kilo.	Par demi-suron de 49 à 52 kilog. environ.
	———— Guatimala.	9 kilo.	Par deux tiers de suron de 74 à 77 kilog. 5 hectog.
		11 kilo.	Par suron de 110 à 113 kilog. Les surons doivent être bien pleins. Les liens sont regardés comme surcharge et ôtés avant la pesée. Quand les surons s'élèvent au-dessus des poids ci-dessus, l'excédant de poids est réglé comme surcharge, et alloué en surtare. L'acheteur a toujours le droit de réclamer la tare nette.

ESCOMPTE des PAIEMENS.	MARCHANDISES.	TARES.	OBSERVATIONS.
3 %	IPÉCACUANHA............	Nette.	
Idem.	IRIS de Florence...........	Nette.	
Idem.	IVOIRE.................	.....	*Voyez* Dents d'éléphans.
Idem.	JALAP................	7 kilo.	Par suron de 75 à 90 kilog
Idem.	JONCS, bambous, roseaux et ro-tins pour cannes..........	.....	Au nombre. Les petits rotins en balles et joncs à fabriquer des fouets se vendent aussi au poids.
Idem.	JUS de citron............	Nette.	Se vend à l'hectolitre ou au poids.

ESCOMPTE des PAIEMENS.	MARCHANDISES.	TARES.	OBSERVATIONS.
2 %	LAINES françaises et étrangères en suint.........	Nette.	Se livrent sans emballage. On accorde 4 p. 100 de don, sans liens ou avec liens de ficelle, et 5 p. 100 de don avec liens en paille ou autres que ceux de ficelle.
	——— lavées à dos......	Nette.	On accorde 2 pour 100 de don avec ou sans liens.
	——— pelures.........	Nette.	On accorde 2 p. 100 de don. Quand ces deux sortes de laines sont emballées, l'emballage reste à l'acheteur.
3 %	——— lavées à froid ou à chaud........	Nette.	Se livrent emballées sans aucun frais pour l'acheteur. La tare pour les sacs en toile, crin ou bourre, se fixe à tant par balle en vidant et pesant deux ou quatre balles, au choix du vendeur et de l'acheteur. Dans le cas où les emballages présenteraient entre eux une trop grande irrégularité, la tare serait réglée de gré à gré. Pour les laines emballées en cuir, si l'acheteur accepte la tare brute, l'emballage lui appartient ; si au contraire il veut la tare nette, l'emballage reste au vendeur.
	——— de cachemire..... ——— de chevron...... ——— de vigogne......	.....	*Voyez* Poils.

ESCOMPTE des PAIEMENS.	MARCHANDISES.	TARES.	OBSERVATIONS.
	LAQUE.	Nette.	*Voyez* Gomme laque.
3 %	LAQUE-DYE.	Nette.	
	LÉGUMES secs.		
	———— — pois.		
Point.	———— — fèves.		A l'hectolitre. Le sac est rendu au vendeur.
	———— — haricots. . . .		
	———— — lentilles. . . .		
2 %	LIÉGE en planches.	Nette.	
3 %	LIN brut.		
	——— peigné.	Nette.	
Idem.	LITHARGE française	Nette.	
	————— anglaise.	5 %	En barils de bois mince, sans surcharge ni plâtre.
Idem.	LICHEN d'Islande.	Brute.	Pour nette.
Idem.	LYCOPODE.	Nette.	
Idem.	MACIS.	Nette.	
Idem.	MAGNÉSIE.	Nette.	
Idem.	MANGANÈSE d'Allemagne. . .	5 %	En futailles longues du poids de 500 à 600 kilog.
	————— d'autres lieux. .	Nette.	
	MANNE grasse.		La tare est écrite en rottes de Sicile, que l'on réduit en kilog. en retranchant un huitième.
Idem.	——— en larmes.	Écrite.	
	——— en sorte.		Se livre sans cordes ni toile.

ESCOMPTE des PAIEMENS.	MARCHANDISES.	TARES.	OBSERVATIONS.
2 %	MAQUEREAUX salés.	. . . .	Se vendent au demi-baril, devant peser de 50 à 55 kilog. Se vendent aussi en paniers contenant 99 poissons.
3 %	MASTIC en larmes.	Nette.	
Idem.	MERCURE ou argent vif.	Nette.	Se pèse par 5 bouteilles, et se tare à la bouteille, à l'hectogramme.
2 %	MERLUCHES.	. . . .	Se vendent à la balle de 50 kilog.
3 %	MIEL de Bordeaux.	12 %	En barriques bordelaises ou d'Anjou. On accorde un kilog. par chaque barre.
	——— — Bretagne.		
Point.	——— — Gâtinais.	10 %	En bárils de 45 à 50 kilog.
3 %	MINE de plomb.	Nette.	
Idem.	MINIUM de France.	Nette.	
	——— anglais.	5 %	En futailles, sans plâtre ni surcharge.
	MINE-ORANGE.	Nette.	
2 %	MORUE de Terre-Neuve et d'Islande, en sel sec ou en saumure.	. . . .	Se vend à la tonne, qui pèse ordinairement brut de 160 à 170 kilog. et donne pour le net de poisson 125 kilog. Les tonnes de petit poisson sont de même poids, et se vendent ordinairement 10 fr. de moins par tonne que le grand poisson.
	——— de Terre-Neuve, salée en vrac.	. . . .	Se vend aux 100 kilog., nette de sel.
3 %	MUSC.	Nette.	Se pèse au décagramme.
Idem.	MUSCADES	Nette.	

ESCOMPTE des PAIEMENS.	MARCHANDISES.	TARES.	OBSERVATIONS.
3 %	NACRE bâtarde. . . . . ———— franche.	Nette.	On retire à la pesée la poussière , ainsi que les petits éclats qui ne peuvent être employés. La tare se fait avant la pesée de livraison.
Idem.	NANKIN des Indes , grand. . . .	. . . .	A la pièce de 6 mètres 40 centimètres à 6 mètres 60 centimètres.
	————— — ——.— moyen. . .	. . . .	A la pièce de 4 mètres 40 cent. à 4 mètres 80 cent.
	————— — -—.—— petit. . .	. . . .	A la pièce de 4 mètres 50 cent. à 4 mètres 65 cent.
Idem.	NITRATE de potasse.	. . . .	*Voyez* Salpêtre.
	————— de soude.	3 kilo.	Par balle de 75 à 90 kilog., en simple emballage d'origine.
Idem.	NOIR animal. . . . . ——.— d'ivoire.	Nette.	Aux 100 kilog., les sacs se rendent au vendeur.
	——— de fumée.	Brute. Nette.	Pour nette , en balles de toile. En futailles.
		3 % 4 %	En simple emballage de crin. Emballage en crin et une toile par dessus.
Idem.	NOIX de galle. . . . . ——— vomique.	Nette. Nette.	En futailles.

ESCOMPTE des PAIEMENS.	MARCHANDISES.	TARES.	OBSERVATIONS.
3 %	OCRE jaune.	Nette.	En futailles de bois blanc se vendent ordinairement au poids net marqué sur les barriques.
	—— rouge.	Nette.	
Idem.	OPIUM.	Nette.	Se pèse en caisse de 75 à 100 kilog. au $\frac{1}{2}$ kilog.
			Id. de 50 à 75 kilog. aux 25 décagrammes.
Point.	ORANGES.	. . . .	Se vendent à la caisse.
3 %	ORCANETTE.	%	En simple emballage de toile.
Idem.	ORPIN de Chine.	Nette.	
	—————— de Perse.		
	ORSEILLE des Canaries.	3 %	En balles de toile.
Idem.	—————— du cap Vert.		
	—————— de Madère.		
	—————— fabriquée.	Nette.	
Idem.	ORGE perlé.	Nette.	En barriques.
		Brute.	Pour nette, en sacs de toile.
Idem.	ONGLONS ou sabots de bœufs et vaches de France.	. . . .	Se vendent au nombre et au poids.
	————d'Amérique.	. . . .	Se vendent au poids.

ESCOMPTE des PAIEMENS.	MARCHANDISES.	TARES.	OBSERVATIONS
3 %.	PASTEL..	Nette.	
	PEAUX BRUTES.		
Idem.	Cuirs de bœuf, de vache, de cheval secs en poil, de Buenos-Ayres, Monte-Video, Rio, Bahia, Fernambouc, Chili, du centre et d'autres provenances d'Amérique, vachettes de l'Inde, buffles de l'Inde.	. . . .	Se vendent au poids. On pèse entre fer au kilog. On accorde un kilog. de trait par pesée. On pèse les cuirs par 50. Les cuirs se vendent exempts d'avaries et de piqûres. Il sera accordé des réfactions pour les piqûres, ainsi qu'il suit : pour la 1re piqûre 5 % pour la 2e Id. 15 % pour la 3e Id. 25 % Les avaries d'eau de mer et d'eau douce sont réfactionnées par arbitres.
	Cuirs salés humides en manchons. —— de Buenos-Ayres, de Fernambouc, de Bahia, du Chili, centre d'Amérique, etc.	. . . .	Se pèsent par 25 cuirs. On accorde un kilog. de bon par chaque pesée. Lorsqu'ils sont chargés de sel, on les fait déplier et secouer. On accorde une bonification pour les lanières en cuir ou les cordes qui les serrent.
2 %.	—— de bœuf, de vache et de veau des boucheries de Paris. . . .	. . . .	Se vendent frais de boucherie. On les pèse, lorsque l'animal est dépouillé ; on marque le poids à la queue avec des signes de convention. L'acheteur les reçoit sur le poids marqué. On classe et vend séparément les gros cuirs, qui sont ceux dont le poids est au-dessus de 40 kilog., et les cuirs faibles du poids de 40 kilog. et au-dessous. Ils s'achètent en boucherie sans escompte ; hors de là l'escompte est de 2 %.

ESCOMPTE des PAIEMENS.	MARCHANDISES.	TARES.	OBSERVATIONS.
2 %	Cuirs de bœuf et de vaches secs en poil, avec ou sans cornes, crânes, queues, etc., de Paris... —— des départemens...	....	Se pèsent par 25 cuirs. Les réfactions pour les peaux crottées, pour celles qui sont échauffées ou mittées, s'arbitrent à la livraison, à moins de convention particulière insérée dans le marché.
	CUIRS salés de Paris.		Se vendent au poids marqué ou à repeser, suivant qu'on en convient.
	—— des départemens...... —— de Hollande...... —— du Nord.........	....	Se pèsent toujours par 25 peaux. On accorde une réfaction pour le sel, s'il s'en trouve.
3 %	—— secs de France... —— de Hollande... —— d'Allemagne... —— de Danemarck... —— de Russie... —— autres pays d'Europe.	....	Se vendent avec ou sans cornes, ni crânes, ni queues. On accorde des réfactions pour la crotte. Se pèsent par 25 peaux. Les réfactions pour piqûres s'accordent dans la proportion de celles que l'on alloue pour les cuirs d'Amérique.
2 %	Peaux de veau, sèches, en poil, de —— France........ —— étrangères.......	....	Se vendent au poids ou à la pièce, suivant qu'on en convient.
3 %	Cuirs de cheval, secs, en poil, d'Amérique.......	Nette.	Lorsque l'emballage est en cuir et qu'il est bien conditionné, il est livré à deux kilogrammes pour un. Les piqûres ou avaries s'arbitrent comme pour les bœufs.
	—— secs, verts et salés de France. —— secs en poil du Nord...	....	Se vendent à la pièce ou au poids.

ESCOMPTE des PAIEMENS.	MARCHANDISES.	TARES.	OBSERVATIONS.
Point.	PEAUX DE MOUTON des boucheries de Paris , fraîches.	....	Se vendent à la pièce.
2 %	——————————— sèches.		
	——————— étrangères , du Nord.	....	Se vendent à la pièce ou au poids.
	——————— étrangères , de Buenos-Ayres.		
	——— d'agneau, en laine.	....	Se vendent aux 104 peaux.
	——— de chèvre , en poil.	....	Se vendent à la douzaine de recette.
	——— bouc, *dito*.		
3 %	——— chevreau, en poil.	....	Se vendent à la douzaine ou aux 104 pièces.
	——— daim		
	——— chevreuil } rasée, de recette.	....	Se vendent au poids ou à la pièce.
	——— cerf		
	——————— non de recette.	....	*Idem.* au poids de deux kilog. pour un.
	——————— en poil, de recette.	....	*Idem.* à la pièce ou au poids.
	——————— non de recette.	....	Se donnent deux ou trois pour une.
			Les avaries et la recette s'arbitrent.
			Une peau saine n'est pas de recette, lorsqu'elle est percée de cinq trous; à quatre, elle est de recette.
6 %	——— chien de mer (pelleterie.).	....	Se vend à la pièce.
3 %	——— chien de mer (droguerie).	....	Se vendent à la douzaine.
	——— roussette.		

ESCOMPTE des PAIEMENS.	MARCHANDISES.	TARES.	OBSERVATIONS.
3 %	Peaux de lapin. . . . — lièvre. . . . } de France	. . . . .	Se vendent au poids. Classées en saison , se vendent aux 104 pour cent. Les rebuts se vendent au poids.
	Peaux de lièvre de Saxe. . . . . — — — Bohême . . . — — — d'Allemagne. . . — — — de Suisse. . . .	. . . . . .	Se vendent aux 100 peaux, lorsqu'elles sont classées en saison , en paquets de 20 peaux.
	— — — — Russie. . . . — — — — Moscovie. . . — — — — Lithuanie. . .	. . . . . .	Se vendent aux 100 peaux, lorsqu'elles sont classées en saison et mises en paquets de dix peaux d'un poids égal. Les peaux d'été sont à moindre prix.
	— — — — Smyrne. . . . — — — — Turquie. . .	Nette.	Se vendent au poids.
	— castor.	. . . .	Se vendent à la pièce ou au poids.
6 %	— d'ours du Canada. . . . . — — de la baie d'Hudson. — — l'Amérique. . . . — — la Louisiane. . . — — Russie.	. . . .	Se vendent à la pièce.
3 %	— — de rats goudins ou castorins.	. . . .	Se vendent à la pièce.
Idem.	— diverses pour la chapellerie.	. . . .	Se vendent aux 100 peaux.
6 %	— Idem. pour pelleteries fines.	. . . .	Se vendent à la pièce.
3 %	PIERRES PONCES.	Nette.	
Idem.	PIMENT Tabago.	Nette. 2 %	En futailles. En balles de 80 kilog. environ , simple emballage, sans cordes ni surcharges.
	— Jamaïque.	Nette. 2 %	En futailles. En balles de simple toile. Le piment se pèse par cinq balles.
Idem.	PISTACHES en coques. . . . . — — cassées.	Nette.	

ESCOMPTE des PAIEMENS.	MARCHANDISES.	TARES.	OBSERVATIONS.
3 %	PLOMB neuf en saumons, de toute provenance . . .	Nette.	Pour la pesée comme aux fers.
	———— vieux.	Nette.	On alloue 4 % de réfaction pour impuretés.
Idem.	PLUMES d'autruche brutes . .	. . . .	Se vendent à la pièce ou au poids net.
	———— de grand vautour gris. .		
	———— ——— blanc.	Nette.	L'emballage en cuir reste à l'acheteur.
	———— — petit vautour blanc.		
6 %	———— à écrire, brutes. . . .	Nette.	Se vendent au poids et au mille.
	———— ——— apprêtées. . .	. . . .	*Idem* au mille.
3 %	———— — lit.	. . . .	Se pèsent brut pour net ; en balles de toile ; on donne 104 kilog. pour cent
3 %	POILS de cachemire dits laine de cachemire.		
	——— brut.	Nette.	
	——— trié.		
	——— de Caramanie, dits laine de Caramanie.		
	——— brut.	Nette.	
	——— trié.		
	——— de chevron, dits laine de chevron.		
	travail dits français. . .	6 %	En emballage d'origine, qui consiste en une toile de coton revêtue d'un emballage de crin.
	travail dits anglais, ou de toute autre dénomination.		
	——— de Vigogne, dits laine de Vigogne.	Nette.	Quand l'emballage est en cuir, le vendeur a droit de le reprendre.
		Nette.	En futailles.
Idem.	POIVRE noir.	2 %	En balles de toile simple de toute nature.
		3 %	En double emballage.
		Nette.	En Robins ou en bombes.
			Se pèse par 5 sacs ensemble ; se livre sans toile extérieure.

ESCOMPTE des PAIEMENS.	MARCHANDISES.	TARES.	OBSERVATIONS.
3 %	POIVRE blanc.	2 %	En simple toile.
		3 %	En double emballage.
		Nette.	En futailles et caisses.
Idem.	POIX blanche dite de Bourgogne.	10 %	En tines de 50 à 200 kilog.
	— noire.	. . . . . .	*Voyez* Brai.
	PERLASSE d'Amérique.	12 %	En barils de 170 à 300 kilog. brut, à 14 cerceaux d'origine.
	POTASSE d'Amérique.	12 %	En barils de 180 à 350 kilog. brut, à 16 cerceaux.
	———— de Russie Kasan. . .	12 %	En barriques de 350 à 600 kilog. brut et au-dessus, à 16 cerceaux, sans barre aux deux fonds.
	———— de Podschinsky. . . .	12 %	En barriques de 350 à 600 kilog. brut, à 16 cerceaux.
	———— de Dantzick.	12 %	En barriques de 800 à 1500 kilog. brut, à 24 cerceaux, bois épais, lourd et dur.
	———— d'Odessa.	12 %	*Idem.* *Idem.* à 20 et 24 cerceaux.
Idem.	———— de Toscane. . . . . ———— de Naples. . . . . ———— de Corse.	12 %	En barriques de 350 à 550 kilog. brut, à 6 cerceaux plats et un cercle à chacun des bouts ; chaque fond de barriques dans la plus forte épaisseur ne doit avoir que 27 millimètres, et les douves les plus épaisses, en bois, que 18 millimètres.
	———— de Hongrie. . . .	16 %	
	———— de Finlande.	18 %	En fûts au-dessous de 130 kil.
		16 %	En fûts de 131 à 200 kilog.
	———— du Rhin. . . . . . . ———— d'Espagne. . . . . ———— d'Allemagne. . . . . ———— des Vosges.	Nette.	Tare écrite garantie nette, ou tare nette.
	PRUNES d'ente.	Nette.	En caisses et en futailles.
	———— communes de Bordeaux.	Nette.	En barriques.
Idem.	———— rouges de Bordeaux. .	Nette.	— *Idem.*
		2 %	En sacs.
		Nette.	En barils.
	———— de Tours	Brute.	En paniers ou corbeilles.

ESCOMPTE des PAIEMENS.	MARCHANDISES.	TARES.	OBSERVATIONS.
3 %	QUERCITRON.	12 %	En barriques et en barils.
		2 %	En simple emballage de toile.
	QUINQUINA..	. . . . . .	*Voyez* Ecorce de.
	RACINE de salsepareille Honduras.	Nette.	On enlève et pèse l'emballage en toile.
			Le poids des liens en cordes ou en cuir est évalué et arbitré en cas de besoin.
Idem.	———————— Caraque.	Nette.	Réglée sur deux surons.
	———————— Portugal.	Brute.	Pour nette en rouleaux et sans emballage.
	———— de ratanhia.	Nette.	
Idem.	RACINES médicinales non dénom.	Nette.	
		5 kilo.	Par demi-caisse de 5o kilog.
		10 kilo.	Par caisses de 100 kilog.
	RAISINS de Roque-Vaire. . . .	9 kilo.	Par caisses de 4/4 avec cercles et cordes.
		13 kil. ½	Par balles de 12 caisses avec cercles et cordes.
		Nette.	En barils.
	——— Denia commun. . . .	1 kilo.	Par cabas de 23 à 25 kilog.
		4 kilo.	Par caisses de 26 à 28 kilog.
Idem.	——— Denia muscat.	2 kilo.	Par caisse de 13 à 14 kilog.
	——— Lipari.	10 %	En barils.
	——— Malaga..	. . . . . .	Se vend à la caisse.
	——— Smyrne.	10 %	En tambours.
		1 kilo.	Par caisses de 10 à 12 kilog.
		2 kilo.	Par caisses de 15 à 20 kilog.
	——— Zante.	12 %	En bottes de 1,000 kilog.
		14 %	En demis et en quarts de bottes.
		10 %	En fûts de Trieste.
		2 kilo.	Par balles de 55 kilog. et au-dessous.
	RÉGLISSE de Bayonne.	3 kilo.	*Idem* 56 à 75 kilog.
Idem.		4 kilo.	*Idem* 76 et au-dessus en simple toile et corde.
	——— d'Alicante.	Nette.	En balles ou essarions de jonc.
Idem.	RÉGULE d'antimoine.	Nette.	

Pour les tares de Zante : *fûts d'origine* (12 % En bottes de 1,000 kilog. ; 14 % En demis et en quarts de bottes.)

ESCOMPTE des PAIEMENS.	MARCHANDISES.	TARES.	OBSERVATIONS.
3 %	RÉSINE et ARCANSON.	Nette.	En futailles.
		1 kilo.	Par balle de 100 à 125 kilog. en natte simple.
		2 kilo.	*Idem.* *Idem.* double.
Idem.	———--- élémi en caisse.	10 %	Par caisse de 50 à 60 kilog.
Idem.	——————— en roseaux. . . .	Brut.	Pour nette.
Idem.	RÉSINES médicinales, non dé-nommées.	Nette.	
Idem.	RHUBARBE.	Nette.	
Idem.	RHUM	Nette.	Au litre ou à l'hectolitre.
		12 %	En futailles dites tierçons , au-dessus de 280 kilog.
	RIZ Caroline et Savanah. . . .	13 %	——————— de 180 à 280 kilog.
		14½ %	——————— dites demi-tierçons, au-dessous de 180 ki-logrammes.
			Se livre à douze cercles sans barres.
Idem.	———de Piémont.	2 %	En sacs de simple toile, de 72 à 100 kilog.
	———- du Levant.	2 %	Simple emballage.
	———de l'Inde.		
Idem.	ROCOU de Cayenne.	16 %	Pour le bois que l'on déduit du poids brut, et on alloue ensuite :
		4 %	Pour les feuilles, sur le poids ainsi réduit. En barriques ordinaires de Bordeaux ou La Rochelle. Les barriques au-dessous de 200 kilog. auront pour le bois la tare de 32 kilog., et pour les feuilles, 7 kilo-grammes. Les barres se déduisent séparément.
	——— du Brésil.	15 %	En paniers de 25 à 30 kilog.
Point.	SAFRAN Gâtinais.		
	———— du Comtat.	Nette.	
3 %	———————d'Espagne.		

ESCOMPTE des PAIEMENS.	MARCHANDISES.	TARES.	OBSERVATIONS.
3 %	SAFRANUM d'Espagne.	2 %	En simple toile.
	————— du Levant.	2 %	En ballots de simple toile.
		10 %	En caffas de jonc et emballage extérieur de toile d'origine.
	————— de l'Inde.	8 %	En balles, avec cordes.
Idem.	SAGOU de l'Inde.	Nette.	En tonneaux ou caisses.
		2 %	En simple toile.
Idem.	SALEP.	Nette.	
Idem.	SALPÊTRE brut de l'Inde (nitrate de potasse).	6 kilo.	Par sac de 75 à 90 kilog. en double emballage d'origine.
	————— du Chili (nitrate de soude).	3 %	Par sac de 75 à 90 kilog. en simple emballage : Se vendent au titre. Jusqu'à 3 pour 100 de déchet, l'acheteur ne peut rien réclamer ; passé ce titre, le vendeur bonifie la différence.
	————— raffiné.	Nette.	
Idem.	SALSEPAREILLE.	. . . . . .	*Voyez* Racine de.
	SANDARAQUE.	Nette.	
Idem.	SANG DE DRAGON en masse. .	Nette.	
	——— — ————— en roseaux.	Brute.	Pour nette.
2 %	SARDINES.	. . . . . .	Se vendent au baril et au demi-baril. Le baril doit peser de 80 à 90 kilog.
Idem.	SAUMON.	. . . . . .	Se vend aux 100 kilog., net de sel et de saumure.
Escompte variable.	SAVON.	Nette.	Se livre franc d'avaries. Se pèse par 5 caisses dites demi-caisses. Il est accordé par pesée 2 kilog. de trait entre fer. Pour reconnaître la tare réelle, on établit d'abord la moyenne des tares écrites ; cette opération consiste à diviser le produit des tares écrites par le nombre des caisses livrées. L'acheteur choisit une caisse sans être obligé de se renfermer dans la tare moyenne ; le vendeur en choisit une autre dont la tare écrite doit, avec la tare écrite de la caisse désignée par l'acheteur, représenter la tare

ESCOMPTE des PAIEMENS.	MARCHANDISES.	TARES.	OBSERVATIONS.
			moyenne. On vide les deux caisses, on les pèse ensemble à l'hectogramme ; la différence entre la tare reconnue et la tare écrite, sert de règle pour toute la série livrée, soit en perte , soit en bonification.
			Si l'une des parties se croit lésée, on renouvelle l'épreuve sur deux autres caisses , en procédant de la même manière , avec cette seule différence que le choix appartient à la partie qui n'a pas réclamé la contre-épreuve. Le produit de ces deux dernières caisses est joint à celui des deux premières , et le résultat que donnent ces quatre caisses sert alors de base définitive.
Escompte variable.	SAVON blanc .	. . . . . .	Se livre par une caisse ou deux tambours.
2 ½	SAVON vert.	. . . . . .	Se vend à la tonne de 100 kilog. net , qui se divise en demis , quarts et huitièmes.
3 ½	SCAMONÉE d'Alep. ______ de Smyrne.	Nette.	
6 ½	SEL DE SOUDE non caustique.. SEL DE SOUDE CAUSTIQUE...	Nette.	Ces deux produits sont en barriques de 450 à 600 kilog. brut.

Se vendent aux 100 kilog. , à la tare écrite sur la barrique , avec 3 kilog. de surtare , ou de don par barrique , ou au choix de l'acheteur, sans surtare ou don, à la tare nette. Cette tare se fait aux frais du vendeur, qui, pour détérioration causée par le dépotage, est tenu d'indemniser l'acheteur de 2 ½ sur le poids net de chaque barrique dépotée , dans le cas seulement où il y aurait fausse tare.

Chaque barrique se pèse à 2 kilog. de trait. (Entre fer on donne 2 kilog.)

Sur les livraisons de 25 barriques et au-dessous , 2 barriques au moins , 4 barriques au plus pourront être dépotées pour la vérification de la tare. On observe le même mode de vérification pour un plus grand nombre de barriques ; moitié des barriques à tarer est choisie par l'acheteur et moitié par le vendeur ; la moyenne des tares des barriques tarées forme la tare de chacune des barriques en livraison.

Le degré d'alcali se reconnaît par les procédés de DESCROIZILLES, en se servant de la teinture de tournesol pour réactif.

ESCOMPTE des PAIEMENS.	MARCHANDISES.	TARES.	OBSERVATIONS.
Point.	SEL marin, gris	Nette.	Le sac est fourni par l'acheteur.
3 %	SEL ammoniac . . . . —— d'Epsom . . . . —— d'oseille . . . . —— de Saturne	Nette.	
Idem.	SEMEN-CONTRA de Barbarie . .	6 kilo.	Par Couffe.
	———————— d'Alep . . .	Nette.	
Idem.	SÉNÉ de l'appalte ou d'Alexandrie	12 % Nette.	En fardes d'origine, sans surcharge. En autres emballages.
Idem.	—— de Tripoli	9 kil. Nette.	Par farde de 130 à 140 kilog. En autres emballages.
	—— de l'Inde	Nette.	En balles ou en caisses.
	SIROP de mélasse, des raffineries de Paris	Nette.	La futaille rebattue et plâtrée est à la charge du vendeur.
Idem.	SMALT	. . . .	*Voir* Azur.
13 %	SOIE organsin du Piémont, 26 à 28 den. ———————————— 36 à 38 den. —— grège de Salon . . . . . . Saint-Jean . . . . . ———— filature d'Alais . . . —— poil d'Alais . . . . —— ovalée *idem* . . . . . . —— grège Brousse . . . . . . —— poil *idem* . . . . —— ovalée *idem* . . . . . . —— grenadine . . . . —— Grenade . . . . —— demi-Grenade . . . . . galette Piémont . . . . . ———— Zurich . . . . . . —— fantaisie ordinaire . . . . —— Bengale native . . . . . . ————— régulière . . . . . de Canton	2 kilo. Nette.	Par balle, avec les cordes. La balle pèse environ 75 kilog. On livre avec la seconde toile, qui reste à l'acheteur. Les réfactions d'avarie se règlent par l'arbitrage de deux marchands en gros. *Nota.* Il existe dans le commerce de détail des usages particuliers qui ne sont pas de règle dans le commerce en gros.

ESCOMPTE des PAIEMENS.	MARCHANDISES.	TARES.	OBSERVATIONS.
Point.	SOIES de porc de France, échaud.	Brute.	Pour nette, en balles de toile.
	———————— triées. .	Nette.	
3 $\frac{\circ}{\circ}$	——————de St.-Pétersbourg.		
	————— d'Archangel, Polo-	Nette.	L'avarie s'arbitre, ainsi que le dégât causé par les vers.
	————— gne.		
	—————— d'autres provenances.		
Idem.	SOUFRE brut.	Nette.	
	————— canons.	Nette.	En futailles.
	————— fleurs.	Brute.	Pour nette, en balles.
Idem.	STIL de grains.	Nette.	
	SOUDES de France, factices et autres	Nette.	En futailles.
		Nette.	En vrac; se pèsent à nu.
Idem.	————— d'Espagne.	15 kilo.	Par balle de 350 à 500 kilog. L'emballage composé de 4 essarions de jonc, sans toile.
		16 kilo.	Par balle, même emballage avec toile.
	————— de Sicile.		
	————— Romagne.	Nette.	Soit en vrac, soit en futaille.
	————— Ténériffe.		

L'assortiment de ces soudes doit être :
$\frac{9}{10}$ en pierre dite *bitte*.
$\frac{1}{10}$ en pousse.

Cette pousse se livre ordinairement en futailles par le vendeur; et comme elle provient des froissemens de la marchandise par le transport, elle ne doit pas être criblée et peut contenir des pierres, même du poids d'un kilog., sans que le vendeur puisse les retirer pour les comprendre dans la portion de pierres ou bittes.

L'excédant du $\frac{1}{10}$ de pousse supporte une réfaction de 25 $\frac{\circ}{\circ}$; mais le vendeur ne peut être contraint de livrer cet excédant.

ESCOMPTE des PAIEMENS.	MARCHANDISES.	TARES.	OBSERVATIONS.
2 0/0	STOCKFISCH	. . . . . .	Se vend aux 100 kilog.
3 2/0	SUC de réglisse de Calabre . . . ——— ——— — Bayonne . . . ——— ——— — Sicile	} Nette.	Tant de bois que de feuilles.
Idem.	SUCCIN	Nette.	
5 0/0	SUCRE brut de toute espèce . . .	20 0/0 7 0/0	En futailles de vin de Bordeaux, sans barres. En sacs de simple toile.
	——— de la Martinique . . . . ——— Guadeloupe . . . . . ——— Saint-Domingue . . . ——— Jamaïque . . . . . ——— Sainte-Croix . . . ——— des autres Antilles . . ——— Havane . . . . ——— Bourbon . . . . . . ——— île Maurice	17 0/0 18 0/0	En barriques. En tierçons et quarts.
	——— Cayenne	17 0/0	Le vendeur garantit 5 pour 0/0 de bon de tare sur cette sorte de sucre, et n'accorde dans ce cas aucune bonification sur les fonds, tels qu'ils soient.

Les futailles de 400 kilog. et au-dessus sont qualifiées barriques ; elles ne peuvent avoir plus de seize cercles à l'entour de la futaille et deux à chaque bout pour soutenir le fond, l'un à l'intérieur et l'autre à l'extérieur de la barrique.

Les futailles de 151 à 399 kilog. sont réputées tierçons.

Les futailles de 30 à 150 kilog. sont réputées quarts.

Elles sont à douze cercles à l'entour, plus deux cercles à chaque fond.

Toutes les barres, surcharges, plâtre sur toutes espèces de futailles s'enlèvent avant la pesée ou s'arbitrent, et se déduisent du poids brut.

Les fonds autres que ceux en sapin et ceux qui sont taillés à la serpe, sont réputés gros fonds, sont réfactionnés à 1 kilog. 1/2 pour chaque fond.

ESCOMPTE des PAIEMENS.	MARCHANDISES.	TARES.	OBSERVATIONS.
			Il n'est point dû de réfaction pour la vidange des sucres bruts, si cette vidange n'excède pas 16 centimètres dans les barriques, 11 *idem* dans les tierçons, 8 *idem* dans les quarts, à prendre du bord de la futaille. La tare d'usage sera bonifiée à l'acheteur en estimant que 27 millimètres de vidange, au-dessous des mesures indiquées ci-dessus, représente : 20 kilog. *poids brut*, dans les barriques de sucre Jamaïque ou de forme semblable ; 16 kilog. *idem*, dans les barriques de sucre Martinique et Guadeloupe, ou de forme semblable ; 12 kilog. *idem*, dans les tierçons ; 6 kilog. *idem*, dans les quarts.
5 %	SUCRE de Bourbon. . . . . . ———— île Maurice.	5 kil. 6 kil. 3 kil. 4 kil.	Par balle de 50 à 75 kilog. en couffe de jonc, simple emballage sans lien. —— de 76 kilog. et au-dessus, *idem*. —— de 50 à 75 kilog. en couffe de jonc, simple emballage. —— de 76 kilog. et au-dessus, *idem*. Le sucre en balles se pèse par pesée de 5 à 600 kilog. et au kilog. de trait.
	———— du Brésil. . . .	18 :	En caisses, sans autre surcharge que trois liens de fer d'origine.
4 %	SUCRE terré et tête.	13 : 14 :	Sur les barriques. Sur les tierçons et quarts. Les futailles de 400 kilog. et au-dessus sont qualifiées barriques ; elles peuvent être rebattues à seize cercles, plus un cercle de support pour chaque fond. Les futailles de 151 à 399 kilog. sont qualifiées tierçons. Et les futailles de 50 à 150 kilog. sont qualifiées quarts ; elles sont à douze cercles, plus un cercle de support pour chaque fond.

ESCOMPTE des PAIEMENS.	MARCHANDISES.	TARES.	OBSERVATIONS.
4 %	SUCRE Havane.	26 kil.	Par caisses au-dessous du poids de 200 kilog.
		13 %	En caisses du poids de 200 kilog. et au-dessus.
		14 %	En demi-caisse.
			Les caisses et demi-caisses seront sans autre surcharge que trois liens de cuir.
	— du Brésil.	17 %	En caisse sans autre surcharge que trois liens d'origine.
	— de la Vera-Crux.	6 kil.	Par balles, sans autre surcharge que la corde d'origine, un jonc intérieur et une toile de pître à l'extérieur.
	— de l'Inde, Benarès.	à convenir.	En caisses d'environ 200 kilog. avec une légère toile intérieure et deux liens de fer extérieurs.
		6 kil.	En balles de 76 à 100 kilog. en double toile extérieure, plus une légère toile de coton intérieure, sans surcharge.
		5 kil.	En balles de 50 à 75 kilog. *idem.* *idem.* Se pèse par pesée de 500 à 600 kilog., et au kilog. de trait.
	— Beerboom.	6 kil.	Par balle de 75 à 80 kilog., en joncs intérieurs et un gunny.
	— Cochinchine.	3 kil.	En balles de 45 à 60 kilog., en simple jonc.
		4 kil.	de 61 à 80 kilog. *idem.*
		1 kil.	Par balle de plus, en cas de double jonc.
	— Batavia.	13 %	En canastres de tout poids et en paniers, exempts de surcharge.
	— Manille.	3 kil.	Par balle, en balles de 40 à 50 kilog. en double emballage de jonc avec un lien de jonc; se pèse par pesée de 5 à 600 kilog. et au kilog.
5 %	SUCRE indigène de toute espèce.	Nette.	On accorde cinq pour % de bonification de tare. Se pèsent par fût ou par pesées de 5 à 600 kilog. lorsqu'ils sont en sacs, et au kilog. de trait.
3 %	SUCRE en pains des raffineries de Paris.	Nette.	Sans papier. Les sucres destinés à l'exportation sont livrés au taux convenu entre le vendeur et l'acheteur; mais la douane n'accorde la prime sur le papier que d'après les lois et ordonnances. Dans les raffineries de Paris, les futailles et l'emballage sont à la charge de l'acheteur.

ESCOMPTE des PAIEMENS.	MARCHANDISES.	TARES.	OBSERVATIONS.
3 ½	SUCRE d'autres raffineries. . . .	Brute.	Pour nette, tels qu'ils se comportent avec papier et ficelles, pesés sur plateau. Lorsque ces sucres sont en futailles, l'emballage reste à l'acheteur.
	——— pilé. . , ...	Nette.	En caisses ou futailles.
	——— de Paris, bâtarde. . . .	Nette.	Sans papier.
	——— vergeoise.	Nette.	
Point.	SUIF de Paris.	Nette.	S'achète pour livrer à la huitaine. Le fondeur livre la marchandise nue chez l'acheteur, qui lui paie pour le port 30 centimes par 100 kilog. L'acheteur fournit les futailles, s'il désire emballer, et fait transporter à ses frais.
	——— des départemens.	Nette.	On vérifie la tare des futailles, qui demeurent à l'acheteur.
	——— des Pays-Bas, en pains ou en futailles.		
3 ½	——— de Russie, blanc. . . .	12 ½	En futailles, barriques, ou tines en bois blanc qui sont de 400 à 500 kilog.; on alloue 14 cercles, dont 12 sur la pièce, et deux pour soutenir les fonds. Les surcharges et barres s'enlèvent avant la pesée ou sont arbitrées.
	——— ——— jaune. . . .		
		4 ½	En suron.
	——— Buenos-Ayres, en futailles. .	Nette.	
	——— ——— en surons de cuir	4 ½	
Idem.	SULFATE de cuivre.	Nette.	
	——— fer.	. . . . . .	Voyez Couperose.
	——— magnésie.	Nette.	
	——— potasse.	Nette.	
	——— soude.	Nette.	
	——— zinc.	Nette.	
Idem.	SUMAC de Sicile.	Brute.	Pour nette, en simple toile.
	——— Malaga.		
	——— d'Avignon.		
Idem.	TAMARINS.	Nette.	

7

ESCOMPTE des PAIEMENS.	MARCHANDISES.	TARES.	OBSERVATIONS.
	TANNERIES.	Nette.	
2 ⁚	Cuirs tannés à la juzée. . . . . —— ———— à l'orge. . . . . . —— ———— en croûte.	. . . .	Au poids.
Point.	Agneaux en mégie. . . . . . . Moutons *idem*.	. . . .	Aux 100 peaux.
	Moutons maroquinés.	. . . .	A la douzaine.
	Tiges de bottes en cheval. . . . —— —— ———— veau.	. . . .	A la paire .
	Veaux cirés pour bottes et souliers —— à revers.	. . . .	Au poids.
	—— corroyés pour cardes et mécaniques. .	. . . .	A la douzaine.
2 ⁚	*Dito* à la française, blancs et noirs Chèvres corroyées. . . . . . . —— maroquinées.	. . . .	Au poids.
	Bœufs pour sellerie. . . . . . Vaches *idem*.	. . . .	A la pièce.
	Bœufs corroyés à la française. . Vaches *idem*. . . . . Cheval corroyé.	. . . . . .	Au poids.
2 ⁚	TANNERIES (Déchêts de). . . .	Nette.	On accorde 4 ⁚ de don sur le poids.
3 ⁚	TARTRE blanc. . . . . —— —— rouge. . . . . —— —— en cristaux.	Nette.	
Idem.	TEINTURES préparées, non dé-nommées.	Nette.	
Idem.	TÉRÉBENTHINE de Bordeaux. . —— ———— —— Suisse. . . . —— ———— —— Venise. . .	. . . . . . 16 ⁚ Nette.	Se vend à la barrique de jauge bordelaise. En futailles.
Idem.	TERRE d'ombre. . . . . —— —— de Sienne.	Nette.	

ESCOMPTE des PAIEMENS.	MARCHANDISES.	TARES.	OBSERVATIONS.
2 p. ½	TISSUS.	. . . . . .	Se vendent au mètre.
3 ⅜	TOURNESOL en pains	Nette.	
	TOLE de FER.		*Voir* Fer.
Idem.	TRIPOLI léger et lourd.	Nette.	
	THÉ Bohé.		
	—— Campoy.		
	—— Caper-Souchong.	13 kilo.	Par caisse dite *quart*, de 40 à 50 kilog.
	—— Congo.		
	—— Peckao orange.		
	—— Souchong.		
	—— Pouchong.		Le papier se pèse comme marchandise.
Idem.	—— Peckao.	11 kil.	Par caisse de 36 à 40 kilog.
	—— Choulan		
	—— Hyson.	9 kilo.	Par caisse de 35 à 40 kilog.
	—— Hyson-Skin.		
	—— Junior ou Uxim.		
	—— perlé ou impérial.	10 kilo.	Par caisse de 45 à 60 kilog.
	—— poudre à canon.		
	—— Tonkay.		

Toutes les subdivisions des caisses désignées seront livrées à la tare nette.

Les roseaux ou brides d'origine appliqués sur les caisses nues, ne doivent pas être considérés comme surcharge et font partie de la tare.

Toute espèce d'emballage de toile ou jonc, cercles ou autre surcharge doit être enlevée avant la pesée.

La pesée se fera par caisse, ordinairement appelée quart, au ½ kilog., et les subdivisions se feront par le nombre de caisses nécessaire pour arriver au poids brut de la caisse à laquelle le thé appartient.

Il sera accordé un don de 25 décagrammes par ½ et par ⅛ de caisse, un hectogramme par 1/16 et 5 décagrammes par 1/32.

ESCOMPTE des PAIEMENS.	MARCHANDISES.	TARES.	OBSERVATIONS.
3 ¼	VANILLE.	Nette.	
Idem.	VERDET cristallisé.	. . . .	En grappes, se pèse brut pour net.
	en pains ou poches. . .	. . . .	Les poches d'une barrique se pèsent ensemble brut pour net au kilog. On accorde 2 kil. de trait entre fers.
	en boules.	Nette.	On tare la futaille avant la pesée, au ¼ kil. Le trait comme ci-dessus.
	VERMILLON *Voir* CINABRE. .		
Idem	VITRIOL bleu, sulfate de cuivre. .	Nette.	
2 ½	VINS de liqueurs.		
	—— étrangers.		
	—— du Roussillon.	. . . . . .	Au litre ou à l'hectolitre.
3 ½	—— de Saint-Gilles.		
	—— — Roquemaure.		
	—— — Saintonge.	. . . . . .	À la pièce contenant environ 198 litres.
2 ½	—— — Gaillac.	. . . . . .	*Idem.* de 205 à 213 litres.
	—— — Renaison.		
	—— — Mâcon.	. . . . . .	*Idem.* 213.
	—— — Marseille.		
3 ½	—— — Bandolle.		
	—— — Toulon.		
	—— — Bordeaux.	. . . .	*Idem.* 220 à 228.
	—— — Cahors.		
	—— — Pouilly.		
	—— — Sancerre.		
	—— — Haute-Bourgogne. . . .		
	—— — Saint-Pourçain. . . .	. . . . . .	*Idem.* 228.
2 ½	—— — Nantes.		
	—— — Orléans.		
	—— — Blois.		
	—— — Anjou.	. . . . . .	*Idem.* 228 à 236.
	—— — Saumur.		
	—— — Cher.	. . . . . .	*Idem.* 243 à 250.
	—— — Joigny.	. . . . . .	Au muid de 274 litres ou en feuillettes de 137.
	—— — Basse-Bourgogne . . .		

ESCOMPTE des PAIEMENS.	MARCHANDISES.	TARES.	OBSERVATIONS.
3 ½ p. ½	ZINC en plaques. . . . . { — laminé.	Nette.	Pour la pesée comme aux fers.

Présenté à l'approbation de la Chambre de Commerce de la ville de Paris et du Tribunal de commerce du département de la Seine, le 11 mai 1835,

Les Syndic et Adjoints des Courtiers de commerce et des Courtiers d'assurances près la Bourse de Paris,

Signé BLAY, *Syndic*,

RICOIS, CAUVET, MOINET, GUILLARDET, AUBÉ, DUVAL.

Vu et approuvé par délibérations de la Chambre de commerce de Paris, en dates des 6 avril 1836 et 27 janvier 1837,

Les Membres de la Chambre,

Signé François DELESSERT, *Président.*

DUBOIS DAVELUY, *Secrétaire.*

Approuvé par délibérations du Tribunal de commerce du département de la Seine, en dates des 11 janvier 1836 et 17 mars 1837,

AUBÉ, *Président.*

Pour expédition :

RUFFIN, *Greffier.*

ASSURANCES

SUR

LA PLACE DE PARIS.

Les conditions auxquelles sont souscrites les Assurances Maritimes, devant intéresser le Commerce, nous donnons ci-après la copie de la Police en vigueur sur la Place de Paris.

POLICE D'ASSURANCE MARITIME.

PLACE DE PARIS.

N°

Courtier M

Navire

Capitaine

Voyage

Somme assurée F^{es}

Prime   o|o F^{es}

Police

F^{es}

ARTICLE PREMIER. Les assureurs prennent à leurs risques tous dommages et pertes provenant de tempête, naufrage, échouement, abordage fortuit, relâches forcées, changemens forcés de routes, de voyage et de vaisseau, jet, feu, pillage, captures et molestations de pirates, baratterie de patron, et généralement tous accidens et fortunes de mer.

ART. 2. Les risques de guerre ne sont à la charge des assureurs qu'autant qu'il y a convention expresse. Dans ce cas, il est entendu qu'ils répondent de tous dommages et pertes provenant de guerre, hostilités, représailles, arrêts, captures et molestations de gouvernemens quelconques, amis et ennemis, reconnus et non reconnus, et généralement de tous accidens et fortunes de guerre.

ART. 3. Les assureurs sont exempts de tous dommages et pertes provenant du vice propre de la chose; de captures, confiscations, événemens quelconques provenant, de contrebande ou de commerce prohibé ou clandestin; de la baratterie de patron ayant le caractère de dol ou de fraude, mais seulement à l'égard des armateurs, des propriétaires de navires ou de leurs ayant-droits, lorsque le capitaine est de leur choix; enfin, ils sont exempts de tous frais quelconques de quarantaine, d'hivernage et de jours de planche.

ART. 4. Dans les assurances à terme, les assureurs sont exempts des risques de la Mer Noire, de la Baltique et des Mers du Nord au-delà de Dunkerque, du premier octobre au premier avril.

ART. 5. Les risques sur facultés courent du moment de leur embarquement, et finissent au moment de leur mise à terre au lieu de destination. Les risques de transport par allèges et gabarres de terre à bord, et de bord à terre, dans les ports, rades et rivières de chargement et de déchargement, ainsi que tout transbordement au Hâvre ou à Honfleur pour monter Rouen, sont toujours à la charge des assureurs.

En cas d'assurance à prime liée ou à terme, les risques continuent sur les objets substitués aux premiers et provenant de leur vente ou de leur échange, jusqu'à concurrence de la somme assurée, et sauf justification de leur valeur et de leur mise en risque, en cas de sinistre ou avarie.

ART. 6. Les risques sur corps courent du moment où le navire a commencé à embarquer des marchandises, ou à défaut, du moment où il a démarré, et cessent cinq jours après qu'il a été ancré ou a au lieu de destination, à moins que le déchargement n'ait été plus tôt, ou qu'il n'ait reçu à bord des marchandises pour un voyage avant l'expiration de ces cinq jours.

ART. 7. Les risques de quarantaine sont à la charge des ass au lieu de la destination. Si le navire va faire quarantaine aille est payé une augmentation de prime d'un pour cent par mois sur et de trois quarts pour cent sur facultés, depuis le jour du dépa qu'à celui du retour.

ART. 8. En cas d'assurance à prime liée pour un voyage a des Caps Horn et de Bonne-Espérance, il est accordé au capita mois de séjour, à compter du jour où il aura abordé au premie où il doit commencer ses opérations; il n'est accordé que quatr pour les autres voyages. A l'expiration de ces termes, chaque m séjour en sus donne lieu à une augmentation de prime de trois pour cent par mois jusqu'à la fin du douzième mois. Dès lors les reurs sont déchargés de tous risques, et ils ont droit aux deux t la prime liée fixée par la police, et de plus à l'augmentation de résultant de la prolongation du séjour.

ART. 9. Dans tous les cas où le calcul de la prime se fait p riodes mensuelles ou autres, toute période commencée est c comme finie.

ART. 10. Si l'assurance est faite sur navires indéterminés, est tenu de faire connaître le nom du navire dans le délai de s pour les voyages au-delà des Caps Horn et de Bonne-Espéranc quatre mois pour les autres voyages de long cours, dans de pour les voyages de grand cabotage, et dans un mois pour c petit cabotage, le tout à partir de la date de la police; faute la police est nulle de plein droit, et il est payé aux assureur pour cent de droit de ristourne pour les voyages de long cou quart pour cent pour ceux de cabotage.

ART. 11. Si, l'assurance étant faite sur un navire partant rope, le départ est retardé de plus de trois mois, à d la souscription du risque, l'assureur a la faculté d'ann police, en conservant un quart pour cent à titre de droit tourne.

ART. 12. En aucun cas, sauf ceux prévus par les articles 37

(57)

du Code de commerce, le délaissement des facultés ne peut être fait, si, indépendamment de tous frais quelconques, la perte ou la détérioration matérielle n'absorbe pas les trois quarts de la valeur. . . . . '

Le délaissement du corps ne peut être fait que dans les cas de défaut de nouvelles, de naufrage, d'échouement avec bris qui le rendent innavigable, ou d'innavigabilité par toute autre fortune de mer.

Art. 13. Soit qu'il y ait ou non lieu à délaissement, et sans préjudicier aucunement à ses droits, l'assuré est tenu de veiller au sauvetage des objets assurés et à leur conservation.

Art. 14. Les avaries grosses sont remboursées sous la retenue d'un pour cent de la valeur assurée ; elles se règlent indépendamment des avaries particulières et sans aucune cumulation.

La portion de ces avaries, incombant au fret, ne peut jamais être mise à la charge de l'assurance sur corps.

Art. 15. Les avaries particulières sur corps, quille, agrès, apparaux et dépendances, se remboursent sous la déduction de trois pour cent de la valeur assurée.

Art. 16. En cas d'assurance à prime liée ou à terme, chaque voyage est l'objet d'un règlement séparé. La fin de chaque voyage est déterminée ainsi qu'il est dit au premier paragraphe de l'article 5 et à l'article 6, et le voyage subséquent est censé commencer immédiatement.

Art. 17. En cas de délaissement du navire, l'armateur reste passible des gages dus à l'équipage antérieurement au voyage pendant lequel le sinistre a eu lieu, et dont le fret sauvé revient aux assureurs sur corps, conformément à l'article 386 du Code de commerce.

Art. 18. Il n'est admis, dans les règlemens d'avaries particulières sur corps, que les objets remplaçant ceux perdus ou endommagés par fortune de mer ; et tous les remplacemens, fournitures et main-d'œuvre, à la charge des assureurs, supportent une réduction d'un tiers sur leur coût justifié au lieu des réparations, pour compenser la différence du vieux au neuf. Cependant cette réduction n'est jamais faite sur les ancres, et elle n'est que de quinze pour cent sur les chaînes-câbles en fer.

Les mêmes réductions sont applicables au règlement des indemnités dues pour avaries grosses par les assureurs sur corps.

Dans les risques de pêche, les assureurs sont exempts de toutes pertes et avaries sur les embarcations, ustensiles de pêche, ancres, chaînes, câbles et dépendances, pendant la pêche et le mouillage. De même, dans les divers mouillages de l'île Bourbon, la perte, soit en avaries particulières, soit en avaries grosses (quant aux assurances sur corps), des ancres, chaînes, câbles et dépendances, n'est pas à la charge des assureurs.

Art. 19. Les primes des emprunts à la grosse contractés pour réparations et dépenses extraordinaires faites en cours de voyage, ne sont à la charge des assureurs que jusqu'au dernier lieu de destination compris dans l'assurance. Tous emprunts faits audit lieu et pour voyages subséquens, leur demeurent étrangers.

Art. 20. Sont francs d'avaries particulières, les fruits verts et secs, les fromages, les laines en suint, le sel, les plumes, les liquides en bouteilles, les glaces et autres objets fragiles, et les marchandises sujettes à la rouille ; cependant, en cas d'abordage ou d'échouement avec bris, les avaries particulières, sur ces objets, sont payées sous déduction de quinze pour cent de la valeur assurée.

En cas d'avaries particulières sur d'autres marchandises, les assureurs ne paient que l'excédant de :

TROIS POUR CENT SUR		CINQ POUR CENT SUR	DIX POUR CENT SUR		QUINZE POUR CENT SUR
Alun.	Métaux.	Alizari.	Amandes en futailles.	Noix de galle.	Cacao en vrac.
Beurre.	Merceries.	Bijouterie fausse.	Amidon.	Papier et librairie en caisses.	Graines en vrac.
Bois.	Orfévrerie et Bijouterie fines.	Cacao en futailles.	Anis.	Pelleteries.	Légumes secs.
Brai et Goudron.	Passementerie.	Café en sacs ou balles.	Cacao en sacs ou balles.	Poissons secs et salés.	Nitrates.
Café en futailles.	Pierres précieuses.	Charbon de terre.	Café en vrac.	Poivre et Piment en vrac.	Paille et foin.
Cannelle.	Piment en sacs.	Colle en futailles ou en caisses	Chanvre et Lin.	Potasse, Porlasse et Védasse.	Papier et librairie en balles.
Cassia-lignea.	Poivre en sacs.	Cordages non goudronnés.	Crins et Poils.	Riz en sacs.	Tourteaux.
Cire.	Quinquina.	Cornes.	Cuirs et Peaux.	Sel de Soude.	
Clous de girofle.	Rubans.	Coton filé.	Ecorces de chêne.	Soude.	
Cochenille.	Savon.	Curcuma.	Farine en sacs.	Sucre en sacs ou balles.	
Cordages goudronnés.	Soies et Soieries.	Farine en barils.	Fleur de soufre.	Sumac.	
Coton brut.	Soufre.	Gingembre en futailles.	Gingembre en sacs.	Tabac en sacs ou balles.	
Draps et autres étoffes de laine.	Suif.	Gomme en futailles.	Gomme en sacs ou en vrac.	Teintures.	
Espèces monnayées.	Thé.	Riz en futailles.	Grains.	Toiles bleues dites Guinées.	
Garance en futailles.	Toileries et autres tissus de lin et de coton.	Sellerie.	Graines en barils ou en sacs.	Viandes salées.	
Indigo.	Vif-argent.	Sucre en futailles ou en caisses.	Gravures et lithographies.		
Laines lavées.	Verdet.	Tabac en futailles.	Laines Cachemire.		
			Liquides en futailles.		

La quotité de franchise sur les objets non désignés dans le tableau qui précède, est fixée à cinq pour cent.

La franchise de dix pour cent déterminée ci-dessus pour les liquides en futailles, est indépendante de la franchise du coulage ordinaire, laquelle est fixée à deux pour cent pour le petit cabotage, à quatre pour cent pour le grand cabotage, et à dix pour cent pour le long cours.

Art. 21. Les franchises déterminées par l'article précédent, ne se prélèvent que sur les avaries matérielles. Les avaries particulières qui ne se composent que de frais, ou qui proviennent d'une contribution proportionnelle, sont remboursées sous la retenue d'un pour cent de la somme assurée, et cela, indépendamment des avaries particulières matérielles.

Art. 22. Les sommes souscrites par chaque assureur sont la limite de ses engagemens : il ne peut jamais être tenu de payer au-delà.

La garantie de chaque assureur est personnelle et exempte de toute solidarité quelconque.

Art. 23. Les indemnités pour sinistres et avaries grosses et parti-

8

culières sont réglées suivant les lois et usages de France, quels que soient les lieux où le sinistre est survenu, où le voyage s'est terminé et où le réglement en a été opéré.

Art. 24. Toutes pertes et avaries à la charge des assureurs sont payées comptant et sans escompte, quinze jours après la remise des pièces justificatives, au porteur de ces pièces et de la présente police, sans qu'il soit besoin de procuration.

Art. 25. En cas de paiement de perte ou avarie, avant l'échéance du billet de prime, les assureurs peuvent déduire de l'indemnité due par eux, le montant de ce billet, qui doit alors être admis comme comptant.

Art. 26. En cas de non paiement de la prime, constaté par huissier, les assureurs ont la faculté d'exiger caution ou d'annuler l'assurance.

Art. 27. Il est convenu que le capitaine peut être reçu ou non reçu, ou remplacé par tout autre, et que la manière dont son nom est orthographié ne préjudicie pas à l'assurance.

Art. 28. Les assureurs et les assurés, chacun en ce qui les concerne, s'engagent à se conformer aux lois et réglemens maritimes e vigueur, en ce qui n'y est pas dérogé par la présente police.

Art. 29. Toutes contestations sont jugées à la majorité par un tri bunal arbitral composé de trois membres, nommés par les parties. S' y a désaccord pour la nomination du troisième arbitre, il est désigr par les deux autres arbitres.

Art. 30. La présente assurance est faite sur bonnes ou mauvaise nouvelles, pour être exécutée franchement et de bonne foi, les parti renonçant à la lieue et demie par heure.

Art. 31. Tous avis, communications, détails de chargemens et ré clamations quelconques, doivent être adressés avec les pièces néce saires, aux Représentans des assureurs, par l'entremise desquels le réponses sont données.

P ar l'entremise de M.   *Courtier Royal d'Assurances près la Bourse, aux conditions générales qui précèdent, à celles particulières qui suivent, et moyennant la prime payable dans Paris*

le soussigné assure à

agissant pour compte de

ENTREPOTS RÉELS DE DOUANES A PARIS,

PLACE DES MARAIS, ET ILE DES CIGNES.

CHARGES, OBLIGATIONS ET DROITS

DES COMPAGNIES DES ENTREPOTS,

Réglés par la Chambre du Commerce et par l'Administration municipale.

EXTRAIT DU CAHIER DES CHARGES.

Obligations des Compagnies.

1. L'adjudicataire sera tenu de recevoir sans distinction, tant que l'emplacement le permettra, toutes les marchandises admissibles à l'entrepôt, qui seront présentées pour être entreposées, et de les emmagasiner dans l'emplacement disponible le plus convenable à leur nature.

2. Il sera responsable de la garde et de la conservation de la marchandise entreposée.

3. Il sera chargé de toutes les opérations relatives à la réception, à l'emmagasinement et à la livraison des marchandises.

4. Ses obligations consisteront notamment dans les opérations suivantes :

A l'arrivée de la marchandise, la vérifier, la peser, en faire constater les avaries apparentes, les signaler au destinataire, assez à temps pour que celui-ci puisse se mettre en règle ; l'échantillonner *s'il en est requis ;* l'entrer en magasin, l'y arrimer.

A la sortie, la désarrimer, peser et mettre hors de magasin.

Le propriétaire de la marchandise disposera de la totalité des échantillons.

5. Le concessionnaire sera seul chargé de la manutention des marchandises entreposées.

6. Il choisira les employés et agens dont il aura besoin.

7. Il choisira également les ouvriers et hommes de peine qui travailleront dans l'entrepôt, à charge de les faire agréer par l'administration des douanes, conformément aux réglemens.

8. Aucun ouvrier étranger au service ne pourra être admis dans l'entrepôt sans le consentement du concessionnaire.

9. Le concessionnaire percevra à son profit les droits de magasinage ou stationnement de manutention , conformément au tarif dont le détail suit , savoir :

	DROITS de MAGASINAGE. — Par mois de 30 jours et par mille kilogram.	DROITS de manutention à l'entrée et à la sortie, à payer une seule fois, quelle que soit la durée du stationnement; (V. art. 16). — Par mille kilog.	DROIT unique de manutention en cas de sortie immédiate, pourvu qu'on ait prévenu à l'arrivée. (V. art. 18) — Par mille kilog.
	On ne paiera jamais pour moins de 250 kilogrammes. (Voir art. 10).		
Acier	1 00	2 00	1 00
Alun	» 60	1 20	» 60
Amandes	1 50	3 00	1 50
Argent vif	2 00	4 00	2 00
Armes	6 00	12 00	6 00
Acide borique	» 80	1 60	» 80
Aiguilles	10 00	20 00	10 00
Bois (de toutes sortes, en magasin couvert)	» 50	1 00	» 50
Bois (acquittant les droits de douanes au poids, en magasin non couvert)	» 25	» 50	» 25
Bambou	2 00	4 00	2 00
Baume de copahu	6 00	12 00	6 00
Blanc de baleine	6 00	12 00	6 00
Brai et goudron	» 75	1 50	» 75
Bimbeloterie	4 00	8 00	4 00
Borax	» 80	1 60	» 80
Bougies	6 00	12 00	6 00
Cacao	1 00	2 00	1 00
Café	1 00	2 00	1 00
Chanvre	1 00	2 00	1 00
Camphre	2 00	4 00	2 00
Cannelle (de Ceylan)	10 00	20 00	10 00
Cannelle (de Chine)	2 00	4 00	2 00
Curcuma	1 50	3 00	1 50
Cotons (en balles pressées)	1 20	2 40	1 20
Cotons (en balles non pressées)	1 50	3 00	1 50
Cire	1 50	3 00	1 50
Céruse	1 60	3 20	1 60
Couperose	» 50	1 00	» 50
Cochenille	10 00	20 00	10 00
Cornes	1 00	2 00	1 00
Cuirs	1 50	3 00	1 50
Crins	1 50	3 00	1 50
Cordages	2 00	4 00	2 00
Colle de poisson	10 00	20 00	10 00
Colle forte	1 50	3 00	1 50
Chapeaux de paille	15 00	30 00	15 00
Dents d'éléphant	5 00	10 00	5 00
Drogues de teinture (non dénommées)	1 50	3 00	1 50
Écaille	10 00	20 00	10 00
Éponges	6 00	12 00	6 00
Espèces médicinales (non dénommées)	4 00	8 00	4 00
Fanons	2 00	4 00	2 00
Farines	1 00	2 00	1 00
Fruits de table (secs ou tapés)	1 50	3 00	1 50
Fromages	1 00	2 00	1 00
Fer-blanc	1 00	2 00	1 00
Fil de laiton	2 00	4 00	2 00
Fil de lin et de chanvre	3 00	6 00	3 00
Gomme du Sénégal	1 00	2 00	1 00
Graine de lin	1 50	3 00	1 50
Gingembre	1 50	3 00	1 50
Girofle	2 00	4 00	2 00
Garance (en racine)	1 50	3 00	1 50
Garance (en poudre)	1 00	2 00	1 00
Huile d'olives	1 20	2 40	1 20
Huiles (autres)	1 00	2 00	1 00
Horlogerie	15 00	30 00	15 00
Horloges en bois	6 00	12 00	6 00
Joncs	2 00	4 00	2 00
Jus de réglisse	1 00	2 00	1 00

	DROITS de MAGASINAGE. — Par mois de 30 jours et par mille kilogram.	DROITS de manutention à l'entrée et à la sortie, à payer une seule fois, quelle que soit la durée du stationnement; (V. art. 16). — Par mille kilog.	DROIT unique de manutention en cas de sortie immédiate, pourvu qu'on ait prévenu à l'arrivée. (V. art. 18) — Par mille kilog.
	On ne paiera jamais pour moins de 250 kilogrammes. (Voir art. 10).		
Indigo	5 50	7 00	3 50
Laines	1 50	3 00	1 50
Lin	1 25	2 50	1 25
Liège	5 00	10 00	5 00
Litharge	» 60	1 20	» 60
Lingots (étain, plomb et zinc)	» 30	» 60	» 30
Linge de table (ouvragé, écru et blanc)	6 00	12 00	6 00
Linge de table (damassé)	15 00	30 00	15 00
Livres	5 00	10 00	5 00
Lac-dye	6 00	12 00	6 00
Machines et mécaniques	3 00	6 00	3 00
Mélasse	1 00	2 00	1 00
Muscade	5 00	10 00	5 00
Merceries	4 00	8 00	4 00
Marbre et Albâtre	» 25	» 50	» 25
Nankin des Indes	5 00	10 00	5 00
Nacre de perles	2 00	4 00	2 00
Oranges et Citrons	2 00	4 00	2 00
Outils	3 00	6 00	3 00
Orseille	2 00	4 00	2 00
Pâtes diverses	1 25	2 50	1 25
Poils (propres à la chapellerie et à la filature)	6 00	12 00	6 00
Passementerie (de fil)	3 00	6 00	3 00
Passementerie (de laine et mélangée)	6 00	12 00	6 00
Potasse	» 60	1 20	» 60
Pelleterie	6 00	12 00	6 00
Piment	1 00	2 00	1 00
Poivres	1 00	2 00	1 00
Plumes (de parure)	15 00	30 00	15 00
Plumes (à lit ou à écrire)	2 50	5 00	2 50
Quercitron	1 00	2 00	1 00
Quina	4 00	8 00	4 00
Quincaillerie	3 00	6 00	3 00
Riz (en fût)	» 50	1 00	» 50
Riz (en sac)	» 40	» 80	» 40
Rotins	2 00	4 00	2 00
Rhubarbe	4 00	8 00	4 00
Sucres	» 75	1 50	» 75
Suif	» 75	1 50	» 75
Salpêtre	» 60	1 20	» 60
Soies de porc	2 00	4 00	2 00
Soie (grèges ou moulinées)	12 00	24 00	12 00
Soie (bourre)	6 00	12 00	6 00
Sumac	1 00	2 00	1 00
Soude	» 75	1 50	» 75
Salsepareille	2 50	5 00	2 50
Soufre	» 30	» 60	» 30
Thé	6 00	12 00	6 00
Tabac	1 00	2 00	1 00
Tafia et Rhum (l'hectolitre)	» 15	» 30	» 15
Toiles de fil écrues (non emballées)	2 00	4 00	2 00
Toiles blanches (en balles ou en caisses)	5 00	10 00	5 00
Toiles teintes ou à matelas	2 50	5 00	2 50
Toiles croisées et coutil	4 00	8 00	4 00
Tissus de soie unis et façonnés	15 00	30 00	15 00
Tapis	10 00	20 00	10 00
Vins (l'hectolitre)	» 15	» 30	» 15
Vins (caisse et panier de cent bouteilles)	» 25	» 50	» 25
Vanille	5 00	10 00	5 00

Application du tarif aux fractions de poids.

10. Si les marchandises mises en magasin sont d'un poids inférieur à 1,000 kilogrammes, et jusqu'à 250 kilogrammes, le droit sera proportionnel à leur poids ; de 250 kilogrammes et au-dessous, le droit sera d'un quart du prix fixé pour les 1,000 kilogrammes.

Application du tarif à la durée du magasinage.

11. Les droits établis par le tarif précédent sont fixés pour un mois de trente jours.

12. Le premier mois commencé sera toujours dû en entier.

13. Le magasinage qui suivra se paiera pour quinze jours.

14. Le jour de l'entrée et celui de la sortie seront comptés pour le magasinage.

15. Le temps de magasinage courra pour le chargement entier du jour de l'entrée des premiers colis en magasin.

Droits de manutention pour les reception et livraison, et en cas de transfert.

16. Indépendamment des droits de magasinage, le concessionnaire, pour s'indemniser des obligations qui lui sont imposées pour la réception, l'emmagasinement et la livraison de la marchandise, recevra un droit de manutention égal à deux mois de magasinage de la marchandise entreposée, quelle que soit la durée de son stationnement. (Voir le Tarif.)

17. Ce droit sera dû toutes les fois que la marchandise changera de propriétaire sans sortir de l'entrepôt, et qu'il y aura livraison avec manutention.

Il ne sera pas dû s'il y a livraison sans manutention.

Droit unique en cas de mise en consommation, ou réexpédition immédiate.

18. Lorsque la marchandise dirigée sur l'entrepôt recevra, pendant sa route ou à son arrivée, une autre destination, et qu'elle n'entrera dans l'entrepôt que pour être mise de suite en consommation, ou être réexpédiée, elle ne paiera, pour tous droits de stationnement et de manutention qu'un droit égal à un mois de magasinage, pourvu que le stationnement n'excède pas cinq jours ; passé ce délai, les droits seront dus en entier, sauf toutefois, dans le cas où la prolongation du stationnement au-delà de cinq jours aurait lieu, par le fait du concessionnaire ou de la douane. (Voir le Tarif.)

Frais de tarage et de manutentions extraordinaires.

19. Les frais de tarage de toutes les marchandises qui en sont susceptibles, ainsi que les travaux que nécessiteront les marchandises qui ne sont pas comprises dans les manutentions énumérées ci-dessus, ou qui, s'y trouvant comprises, seront réclamées de nouveau par l'entrepositaire, seront payés à part d'après les usages de la place, en attendant qu'ils soient réglés par un tarif spécial, qui sera ultérieurement présenté par la Chambre de commerce de Paris, à l'approbation de l'autorité compétente.

Droits d'octroi.

20. Les chargemens arrivant à la destination de l'entrepôt, et ceux sortant de l'entrepôt à destination de l'extérieur, seront escortés dans Paris par les employés de l'octroi ; les frais d'escorte seront fixés comme pour l'entrepôt des vins.

TARIF DES FRAIS D'ADMINISTRATION

DANS LES DEUX ENTREPOTS.

—

Ecritures et démarches pour les déclarations en douane :

Par déclaration. 0 f. 50 c.

Bulletins d'entrée remis aux propriétaires, et formant leur titre :

Bulletin pour   1 à 50 colis. 0 50
    d°   51 à 100 » 1 00
    d°   101 à 200 » 1 25
    d°   201 à 300 » 1 50
Et ensuite 0 f. 25 c. par cent colis.

Bulletins de sortie, en cas de livraison ou de transfert :

Mêmes prix que ci-dessus.

———

Tous les imprimés accessoires sont remis sans frais au commerce.

Nota. Toutes les marchandises arrivant par roulage sont pesées à l'arrivée pour le reçu à donner au voiturier. Ce pesage est fixé au prix très-minime de 25 c. les mille kilogrammes.

Les autres pesages en magasin avec désarrimage ou lotissement, et les frais de manutentions diverses feront l'objet d'un tarif qui sera imprimé dans le courant de juillet.

www.ingramcontent.com/pod-product-compliance
Ingram Content Group UK Ltd.
Pitfield, Milton Keynes, MK11 3LW, UK
UKHW021119140726
13695UKWH00004B/1592